マイコン
活用シリーズ

# 動かして学ぶ
# CAN通信

Let's operate and learn the CAN communication

中尾 司 著

## AVR, PIC, Arduinoを使った
## CANコントローラとの接続とプログラミング

CQ出版社

# はじめに

　実は筆者は，この書籍を執筆するまでCANというものをよく知りませんでした．いろいろ調べてみると，自動車の中に使われているネットワーク規格だということが遅ればせながらわかり，デバイス・メーカなどのインターネット情報で概要を知りました．

　産業用のデバイスは使ってみたいと思っても，少量を入手するのが困難などの理由でなかなか使うことができないものですが（そういうこともあり，あまり使う気になれない），インターネットで少し調べて見ると，比較的簡単に入手できそうなデバイスを見つけたので，これはいける！，と使用することを思い立った次第です．

　そのデバイスというのが，本書で使用しているマイクロチップ社のCANコントローラ MCP2515です．なお，MCP2515の上位機能を内蔵したPICマイコンも存在しますが，それについてはまた別の機会にどこかで紹介できればと思います．

　最近では，クレジット・カードさえあれば，通信販売で海外から特殊なデバイスでも購入できるようになりました．日本に取り次ぎ店があり，日本語でWebサイトから注文できるところもあります．円高の影響もあり，同一部品でも，ある程度まとめて購入すれば国内より安価に入手できるものさえあります．便利になったものです．

　産業用デバイスは，ピン・ピッチの狭い，面実装タイプのデバイスが多いですが，MCP2515やMCP2551（CANドライバ）にはDIPタイプのものも用意されているため，ブレッドボードやユニバーサル基板で製作することも可能です．これもアマチュアにはうれしいことです．

　本書では，ある程度の実用性を考慮して小型化するために，専用基板でSOICやSSOPなどの面実装部品を使ったものも掲載していますが，基本的にはユニバーサル基板を使うなどしてDIP ICでも製作可能です．

　このように，便利なデバイスとその優れたハードウェアのおかげで意外と簡単に，それなりに使えてしまうCANですが，これをパソコンやマイコンのアプリケーションに応用しようというのが本書の狙いです．転送レートにもよりますが，比較的長距離でも2本の信号線だけで通信できるため，家庭内の照明や換気扇などの機器をリモート制御するような応用もおもしろいでしょう．

　最後になりましたが，出版にあたりお世話になったCQ出版社の吉田伸三殿，並びに関係各位にお礼申し上げます．

2010年1月

# CONTENTS

実際にノード間で通信を行う
# ［第3章］CAN ノード（ハードウェア）の製作 ……………………47

MCP2515のレジスタを使いこなす
# ［第4章］CAN コントローラの制御プログラム ………………73

CANドライバの使用例
**[第5章] 基本動作の確認** ････････････････････････ 85

WinAVR環境でプログラミング
**[第6章] AVRでMCP2515コントローラを使う** ･･･････････ 97

# 第1章

信頼性の高い通信を行う

# 中距離マイコン間インターフェース CANとは

## ● CANとは

CANとは,「Controller Area Network」の略で,BOSCH社が開発した車載ネットワークのことです. 元々は自動車内の機器間の通信で使用されるためのシリアル・バスですが,信頼性の高さや優れた故障検出機能により,オートメーション機器の制御などにも利用されています.

CANは仕様が公開されているため,ほかの自動車メーカなどもこの方式を採用しているところがあります.

最近のカー・エレクトロニクスではコンピュータ化が進み,いたるところに多数のマイコンが使われています. これらの機器を個別に配線していたのでは,膨大な量の配線が必要になり,重量もコストも増大します. この問題を解消する手段として開発されたのがCANです. ネットワーク上で短い情報(コマンドやステータスなど)をやり取りすることで各マイコンを制御できるため,車内配線の大幅な省力化が可能です.

CANの特徴として,比較的長距離の伝送が可能,通信レートが高い,差動通信路のためコモン・モード(同相)ノイズに強い,エラー検出機能が充実していてリカバリが容易などが挙げられます. また,マルチ・マスタ,というより,すべてのデバイスがマスタでありスレーブであり,優先順位もメッセージの内容に依存するというのも大きな特徴です.

ただし,一度に送受信できるデータは最大8バイトと短く,大量のデータをやり取りするのには向いていません.

本書では,比較的安価で手軽に実現できるマイコン機器間の中距離通信の通信手段としてCANを取り上げ,マイコン機器を制御する具体的な方法を解説していきます.

## ● 転送レート

CANバスは比較的長い距離でも通信できるのが特徴の一つですが,当然ながら,伝送路が長いと通信速度も落ちます. 規格上の最高レートは伝送路が40mのときで1Mbps,1000mのときでは50kbpsとなっています.

CANは通信レートの違いにより250kbps以上のものはハイ・スピードCAN,それ未満で,125kbps程度のものはロー・スピードCANと分類されています. 実際の自動車では,エンジンやブレーキなどの制御系にはハイ・スピードCAN,パワーウィンドやワイパなどの制御系にはロー・スピードCANやLIN(これもクルマ車載ネットワークの一つの標準規格)というように数種類のバスが

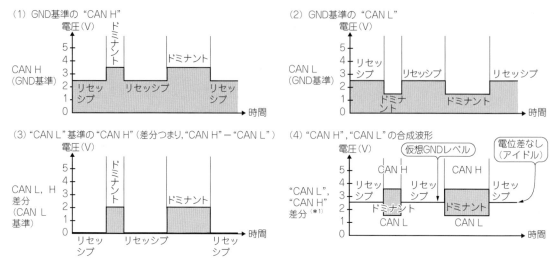

(*1) CANバスの信号ラインにはGNDは存在しないが，2.5Vを仮想的なGNDとしたときの"CAN L"，"CAN H"両信号の波形を示したもの.

**図1-1　CANバスの信号**
これらのタイムチャートはCANバスの信号の電圧レベルを基準電圧を変えて表現したもの.

混在しています.

　同一のCANバスに接続されているすべてのCANデバイスは，同じ転送レートで動作している必要があります.

## ● CANバスの信号——ドミナントとリセッシブ

　CANバスの信号は，2本の信号ラインで伝達されます. コモン線(GND)は不要です. この二つの信号は，"CAN H"，"CAN L"と呼ばれ，両信号間の電位差(電圧差があるか，ないか)で信号を伝達します. I²CやTTLレベルの信号のようにGNDに対する電位レベルで信号を伝達するのとは異なります.

　実際の自動車内の配線では，CANラインと一緒に電源もケーブルで分配されていて，電源を共用している関係でGNDがシャーシなどで接続されていますが，本来は電源を共用する必要もないため，2本の信号線だけで通信できます.

　このように電位差で動作するものを差動(ディファレンシャル)式といいます. 差動式は伝送路などで拾う同相のノイズが打ち消されるため，外来ノイズの影響を受けにくく，自動車などのノイズの発生源の多いところではとくに有用な方式です. 差動式は，RS-422などの長距離伝送にも利用されています.

　CANバスの信号状態には**図1-1**のように2通りあり，"CAN L"，"CAN H"両ラインの，

　　• 電位差がある状態をドミナント(Dominant)
　　• 電位差がない状態をリセッシブ(Recessive)

といいます. ドミナントは信号がアクティブである，リセッシブは非アクティブ(アイドル)である，と言い換えることもできます. このように，ドミナントもしくはリセッシブの状態と長さの組み合わせにより，データを伝達します.

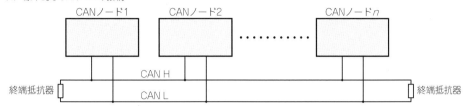

(1) 標準的なCANバスの接続

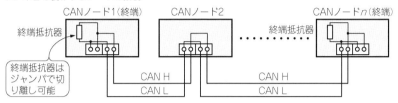

(2) 本書で製作するノードの接続

**図1-2　CANノードの接続**
一般的なCANノードの接続方法と，本書で製作するCANノードの接続形態を示す．本書で製作するものはCANの端子を二つ持ち，内部で並列に結線されているため，ノードを数珠つなぎにできる．

　CANは，同期用のクロック信号がなく，同時に双方向の通信ができないことから，非同期の半二重通信方式といえます．

　同一バス上で複数のノード（接続されているCANデバイス）が信号を出力する際，あるノードがリセッシブ状態にある場合でも，ほかのノードがドミナントを出力すると，バスの状態はドミナントに上書きされます．リセッシブはバスがアイドル状態と考えればわかりやすいでしょう．この仕組みはバスのアービトレーション（調停）やACKの応答に利用されます（後述）．

　CANバスの両端には終端抵抗が必要です．**図1-2**はバスにつながるCANデバイス（ノード）間の配線例を示したものです．

## ● 通信波形の確認

　**図1-3**はCANバス・トランシーバを二つ接続して，片側にオシレータ（発振器）をつなぎ，CANバスの"CAN H"と"CAN L"の2本の信号をオシロスコープで実際に測定したものです．オシレータの周波数はロー・スピードCANの代表値である125kHzに設定してあります．

　トランシーバのGNDをオシロスコープのGNDレベルにして，"CAN H"，"CAN L"の両信号をオシロスコープの$CH_1$と$CH_2$に接続し，2チャネル同時に表示させています．

　約2.5Vを中心として約±1Vで信号が伝達されている様子が確認できます．なお，CANバス・トランシーバについては第2章以降で説明しています．

## ● CANノード

　CANバスに接続される各デバイスは「ノード」と呼ばれます．同じくシリアル・バスの規格である$I^2C$（シングル・マスタ・モードの場合）やSPIのように一つのマスタに対して複数のスレーブが接続されているというのではなく，各ノードがマスタであり，スレーブでもあります．通信を始めるノー

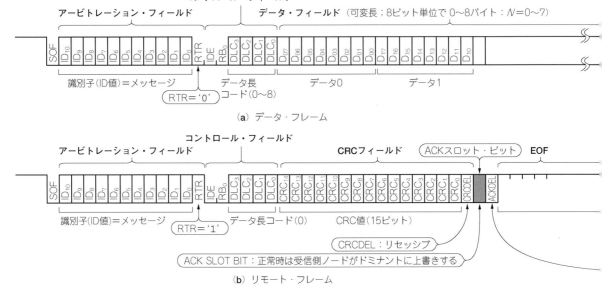

図1-4 データ・フレーム/リモート・フレーム

標準モードのデータ・フレーム，リモート・フレームのフォーマットを示す．データ・フレームはRTR='0'で，DLCビットで指定されたバイト数（0～8バイト）のデータ・フィールドをもつ．リモート・フレームはRTR='1'でデータ・フレームはない．ACKスロット・ビットは送信ノード側はリセッシブを出力し，正常受信時には受信側ノードがドミナントに上書きする．

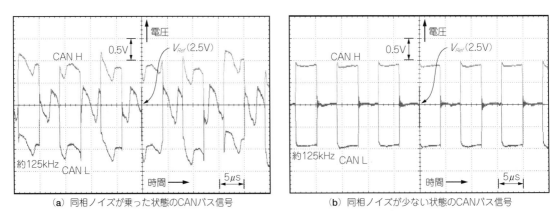

図1-3 CANバスのオシロ測定波形

125kHzの矩形波をトランシーバに入力した際のCAN出力をオシロスコープで測定した波形．(a)は大きな同相ノイズが混入して，波形が大きくひずんでいるが，差動の原理により，ノイズが打ち消されて通信には問題ない．

　ドがマスタとなり，受信する側がスレーブということになります．

　各ノードは図1-2のように接続され，バスの終端には終端抵抗器が付いています．

　各ノードは，データを送信する際はデータ・フレームまたはリモート・フレームにID値（メッセージ）を含めて送信します．このID値はフレームの優先順位も表していて，同時に複数のノードが送信を始めようとするときのアービトレーション（調停）に利用されます．

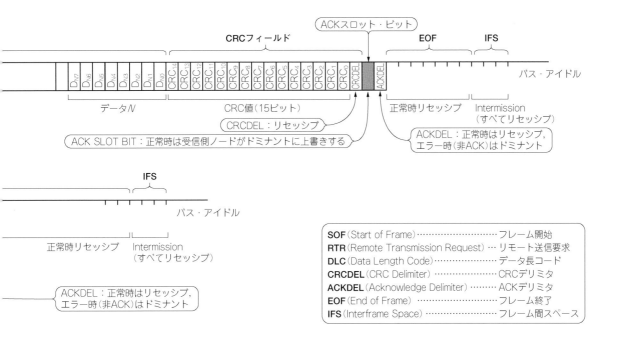

CRCフィールド

ACKスロット・ビット

EOF　IFS

バス・アイドル

データN

CRC値（15ビット）

正常時リセッシブ

Intermission
（すべてリセッシブ）

CRCDEL：リセッシブ

ACK SLOT BIT：正常時は受信側ノードがドミナントに上書きする

ACKDEL：正常時はリセッシブ，
エラー時（非ACK）はドミナント

IFS

バス・アイドル

正常時リセッシブ　Intermission
（すべてリセッシブ）

ACKDEL：正常時はリセッシブ，
エラー時（非ACK）はドミナント

| SOF（Start of Frame）························· フレーム開始 |
| RTR（Remote Transmission Request）··· リモート送信要求 |
| DLC（Data Length Code）···················· データ長コード |
| CRCDEL（CRC Delimiter）··················· CRCデリミタ |
| ACKDEL（Acknowledge Delimiter）········· ACKデリミタ |
| EOF（End of Frame）······················· フレーム終了 |
| IFS（Interframe Space）····················· フレーム間スペース |

　ノードの数は仕様上の制限はありませんが，ハイ・スピードCANの場合は最大30と規定されています．また，トランシーバや伝送路の電気的な特性や制限により，ノード数は制限されます．

## ● フレームのフォーマット

　図1-4にフレームのフォーマットを示します．フレームとは通信情報として意味をもつフィールドの集まりのことで，CAN通信の基本単位です．この図では，"L"レベルがドミナント，"H"レベルがリセッシブを表しています（リセッシブがアイドル状態）．

　CANの転送データには4種類のフレームが規定されています．各フレームはいくつかのフィールドから構成されています．

　データ・フレームまたはリモート・フレームの場合，フレームはSOF（Start of Frame）で始まり，アービトレーション・フィールド，コントロール・フィールド，データ・フィールド（データ・フレームの場合のみ），CRCフィールド，ACKスロット，EOF（End of Frame）と続き，最後にIFS（Interframe Space）フィールドで終わります．

　SOFとEOFは文字通り，フレームの最初と最後を示すもので，それぞれ1ビットのドミナントが送信されます．

　アービトレーション・フィールドには識別子（以下ID値）とRTRビット（データ・フィールドかリモート・フィールドかを区別するためのフラグ）が含まれています．このID値はメッセージとも呼ばれ，値の大きさにより，優先順位も決まります（値が小さいほど高優先）．

データ・フィールドは可変長（0〜8バイト）のデータ領域で，その直前にあるコントロール・フィールド内の4ビットのDLCフィールドで長さが指定されています．CRCフィールドは15ビットのCRC（巡回冗長検査）の値が設定されます．CRCDELはCRCフィールドを区切るためのデリミタです．CRCエラーがない場合にはドミナントですが，エラーがある場合は，リセッシブに設定されます．ACKスロットでは，送信側のノードはリセッシブを出力しますが，受信側ノードが正常にフレームを受信できたときに受信側ノードがドミナントに上書きします．ACKDELはACKビットのデリミタです．

IFSは次のフレームが送信できるようになるまでの時間稼ぎのフィールドで，フレームの区切りをつけるのと，内部処理のための時間を確保するために挿入されています．

次に四つのフレームの機能を簡単に説明しますが，各フィールドの内容については**図1-4**も参照してください．なお，アービトレーション・フィールドの長さにより，標準フォーマットと拡張フォーマットの2種類が規定されていますが，本書ではビット長が11ビットの標準フォーマットについて説明します．拡張フォーマットの場合でもデータ長が増えるだけで動作は同じです．

## （1）データ・フレーム

相手にデータを送信するフレームです．データ長は0〜8バイトの可変長で，データ長は，コントロール・フィールドにある4ビットのDLCフィールドで指定できます．データ・フレームではRTRビットがドミナントに設定されます．なお，データ長が'0'の場合は，RTRビットがドミナントである以外はリモート・フレームと同じフォーマットになります．

## （2）リモート・フレーム

相手へデータを要求するフレームです．データ・フレームのデータ・フィールドがないようなフォーマットになっています．リモート・フレームはRTRビットがリセッシブに設定されます．このフレームを受け取ったノードは(1)のデータ・フレームでデータを送り返します．

## （3）エラー・フレーム

エラーを検出したノードがエラー状態を通知するために送信するフレームです．

エラーが発生すると，ほかのフレーム送信の途中であってもエラー・フレームが割り込んで出力されます．エラー・フレームは連続6ビットのドミナントをビット・スタッフィング（後述）なしで送信したあと，個別のエラー・フラグとエラー・デリミタを送信します．エラーについては「CANのエラー」の項を参照してください．

## （4）オーバロード・フレーム

受信した側の処理が追いつかないときに，このフレームを出力することで，次のメッセージが出力されるのを待機させて，処理時間を稼ぎます．

最近ではあまり使われていないようですが，なんらかの理由で相手ノードを待たせたいときに使用できます．

## ● メッセージ

データ・フレームとリモート・フレームにはアービトレーション・フィールドが含まれていますが，このフィールドの値（ID値）がメッセージを表しています．

アービトレーション・フィールドは標準フォーマットの場合は11ビットなので，$2^{11}$種類（実際は

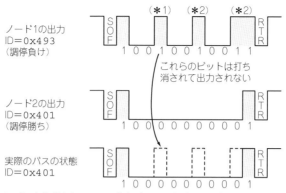

（＊1）　自分が出力している値とバスの状態が不一致となった場合は,調停負
　　　　けと判断する.
（＊2）　実際は,調停負けと判断した後のデータは出力されないかもしれない.

**図1-5　CANバスのアービトレーション（調停）**
二つのノードが同時に送信を始めた場合の調停の仕組みを示す. この図はID値が小さいノード2が調停勝ちする場合の例.
チャートの"H"レベルはリセッシブ,"L"レベルはドミナントを示す. なお, この図はビット・スタッフィングを考慮
していないので注意（p.18参照）.

それより少し少なくなる）のメッセージが作成できます. また, 拡張フォーマットの場合は, アービ
トレーション・フィールドは29ビットあるので, $2^{29}$種類のメッセージが作成できます.

　本書では標準フォーマットのID値（メッセージ）を単にSIDと表記することがあります.

## ● フィルタとマスク

　受信したメッセージを振り分けるための仕組みで, 特定のメッセージだけを受信したり（フィルタ
機能）, ある範囲の複数のメッセージを受信したい（マスク機能）ときに使用します. マスクとは, 特
定のビットを隠して, そのビットは何でもよいという状態にすることを意味しています. 詳細は
MCP2515の「フィルタとマスク」の項で説明します.

## ● CANノードの優先順位とアービトレーション（調停）

　CANネットワークは半二重（送受信の交互, 片側通行）通信なので, 送信と受信は同時にはできま
せん. また複数のノードが一斉に送信することもできません.

　そこで, 複数のノードがバスをシェアしながら通信する仕組みが用意されています.

　CAN通信では, ノードに関係なく, 送信されるメッセージごとに優先順位が決まっていますが,
基本的にはメッセージの優先順位にも関係なく, 早い者勝ちで送信されます. すでに通信が始まって
バスが使用中の場合は, たとえ優先順位の高いメッセージを送信しようとしても, バスが空くのを待
たなければなりません.

　CANでは1回の通信データの量が少ないため, 高優先順位のメッセージが少し待たされてもそれ
ほど問題はありません（と考える）.

　もし, まったく同時に複数のノードが通信を始めた場合は, アービトレーションの機能が働きます.
この場合は, 優先順位の高いメッセージを出力しているノードが使用権を獲得し, そのまま送信を継

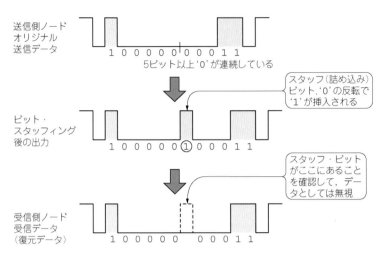

**図1-6　ビット・スタッフィング**
ビット・スタッフィングが発生する場合の通信データの例．5ビット以上同一レベルの信号が連続した場合に1ビットの反転ビットが挿入される．受信側ではビット・スタッフィングが発生する状況で，反転ビットがあることを確認して，ビット・データとしては無視することで，元のデータ・ビット列を復元する．

続しますが，優先順位の低いほうのノードは送信を中断して，バスが空いてからリトライします．

　優先順位は，データ・フレームまたはリモート・フレームのアービトレーション・フィールドのメッセージ値（ID値）が小さいほど高順位になります．**図1-5**はアービトレーションの仕組みを簡略化して示したものです．

　複数のノードが同時に通信を始めた場合，一斉にフレームを出力するわけですが，バスの信号はID値の小さいID値で上書きされてしまう（ドミナントはリセッシブを上書きする）ため，結果的にID値の小さいものの値がバス上に出力されることになります．これが，ID値が小さいほど優先順位が高いという理由です．

　ID値の大きいほう（優先順位の低いほう）のID値は打ち消されてしまいます．このようにして調停が成立します．

　調停負けは，自分が出力したID値と実際にバスに出力されたID値を比較して，結果が異なっていれば負けたと判断できます．通常，このような判定はCANコントローラのハードウェアが自動でやってくれます．

　同じID値のデータ・フレームとリモート・フレームが同時に送信された場合，フレーム中のRTRビット（リモート送信要求ビット）がドミナントであるデータ・フレームのほうが調停勝ちします．

## ● ビット・スタッフィング

　スタッフとは詰め込むという意味ですが，ビット・スタッフィングとは，同一の信号レベルが5ビット以上連続した場合，その5ビットの後に，レベルを反転したビットを1ビット挿入して（詰め込んで）出力することです．つまり，6ビット以上，同一レベルの状態が連続しないようにします．

　**図1-6**は'0'が8ビット連続した場合に'1'のスタッフ・ビットが挿入される場合の例を示していま

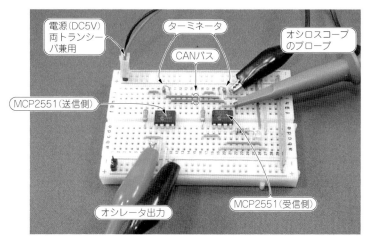

**写真1-1　CANトランシーバ通信実験**
これはブレッドボード上で二つのCANトランシーバ（MCP2551）を接続して通信を確認したようす．オシレータで125kHzを発生させ，オシロスコープで波形を確認した．この写真ではMCP2515の"VRef"を基準として"CAN H"を測定している．

す．'1'が5ビット以上連続している場合は，'0'が挿入されます．

　スタッフ・ビットの役割は，データ・ビットの同期ずれを補正する際に，補正ができない時間を短くするためのものです（連続した状態が長く続くとその間，同期ずれの補正ができない）．

　CANではDPLL（Digital Phase Lock Loop）という位相補正の仕組みがあり，信号の状態がリセッシブからドミナントへ変化した時に位相ずれの補正機構が働き始めるようになっています．したがって，同じ状態のビットが長い間連続すると，この変化点がなかなか検出できないため，補正できない時間も長くなって位相ずれが大きくなってしまい，ついには補正できなくなる恐れがあります．

　データの内容によっては'0'または'1'が6ビット以上連続するということもあるわけですから，その場合にダミーのビットを挿入して連続個所をなくす，というのがビット・スタッフィングの役目です．DPLLの働きで，同期ずれは頻繁に補正されながら通信しているため，ビット・レートの多少の食い違い（発振子の精度による周波数のばらつき）をカバーでき，信頼性が向上します．

　このスタッフ・ビットはコントローラにより自動的に挿入され，受信時に自動的に取り除かれる（データ・ビットとして無視される）ため，通常のアプリケーションでは意識する必要はありません．

　**図1-7**（p.20）は実際にCANトランシーバMCP2515同士で通信した際にロジアナ（ロジック・アナライザ）で測定した波形に，各フレームの説明を書き加えたものです（**写真1-1**）．

　この例では，2か所で'0'のビットが5ビット以上連続しているため，自動的にビット・スタッフィングが発生しています．

　もし，6ビット以上同一レベルの信号を受け取ると，本来あるべきはずのスタッフ・ビットが検出できないということで，スタッフ・エラーとなります．

## ● CANのバス・エラー

　CANでは，運用中に発生するエラーに次のようなものがあります．

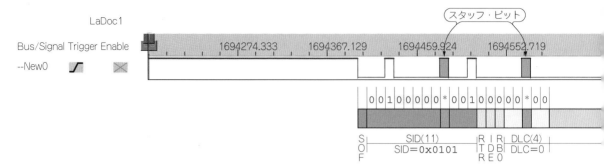

**図1-7 ロジアナ実測波形**
データ・フィールドがない（DLC ＝ '0'）場合のデータ・フレームの測定波形．2か所でビット・スタッフィングが発生している．括弧内の数字はフィールドのビット数．ACKが "L" にドライブされているため，受信側がメッセージを正常に受信したことが確認できる．

## （1）CRCエラー（受信側）

受信したCRC値と受信データから再計算したCRC値が異なる場合に発生します．エラーを検出すると，エラー・フレームが送信されるので，送信側はフレームを再送しなくてはなりません．

## （2）ACKエラー（送信側）

受信側ノードがACKを返さない（ノードが存在しない場合も含む）ときに発生します．エラーを検出すると，エラー・フレームが送信されるので，送信側はフレームを再送しなくてはなりません．

## （3）フォーム・エラー（受信側）

EOF，IFS，CRCDEL，ACKDELでドミナントを検出した場合に発生します．エラーを検出すると，エラー・フレームが送信されるので，送信側はフレームを再送しなくてはなりません．

## （4）ビット・エラー（送信側）

アービトレーション・フィールドとACKスロットを除き，自分が出力したビット状態と実際のバスの状態が異なるときに発生します（ドミナントを出力しているのに実際のバス状態がリセッシブになっているとき，またはその逆のとき）．

ノイズの混入やバスが断線しているとき，短絡しているときなどに起こる可能性があります．

## （5）スタッフ・エラー（受信側）

SOFからCRCDELの間で5ビット以上連続して同一のデータ・ビットが送信されているにも関わらず，スタッフ・ビットがない場合に発生します．エラーを検出すると，エラー・フレームが送信されるので，送信側はフレームを再送しなくてはなりません．

## ● エラー・ステート

CANでは運用中に発生するエラーの程度を累積して評価する仕組みがあり，エラーの程度を数値としてカウントするためのカウンタが用意されています．このカウント値により，いくつかのエラー・ステート（状態）に分類されます．このステートはエラー発生状況の深刻度を表すものです．

PICマイコンの18Fxx8や本書で利用するCANコントローラMCP2515などでは，

- 送信エラーをカウントするTEC（Transmit Error Counter）

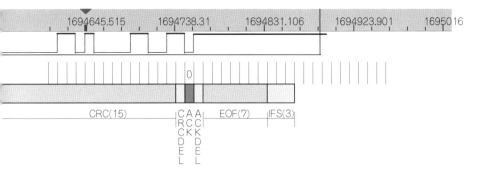

　● 受信エラーをカウントするREC（Receive Ereor Counter）

の二つの8ビット・カウンタが用意されていて，それぞれ，通常は，エラーが発生するたび（エラー・フレームが送信されるたび）に＋8されます．ただし，送信しようとしても受信ノードが存在しない場合は，いきなり＋128されるというようなこともあります（**リスト2-1** 参照）．

　正常な運用状態では，エラー・アクティブというステートにありますが，エラー・カウンタの値が127を超えるとエラー・パッシブというステートに移行し，さらに255に達するとバス・オフというステートに移行します．なお，正常に送受信できた場合は，それぞれのカウンタが−1され，エラーの重症度が減ります．したがって，正常な通信が続けばカウンタ値はどんどん小さくなります（最小0）．これら三つの状態をまとめると次のようになります．

---

### （1）エラー・アクティブ
　REC，TECとも128未満の正常な状態．とくに96以上128未満はエラー・アクティブのウォーニング・ステートに分類される．

### （2）エラー・パッシブ
　RECまたはTECが128以上で255未満の中〜高程度の異常な状態．復旧可能だが，かなり重症．

### （3）バス・オフ
　TECが255の最悪な状態．この状態では通信不能で，特定の手順（デバイスのリセットなど）を踏まないと復旧不可能．

# 第2章

CAN専用コントローラを用いて各種マイコンから活用を図る

# CANコントローラMCP2515の機能

本章では，本書でのCAN通信の要となるCANコントローラMCP2515について詳しく説明します．このコントローラさえ使えるようになれば，多様なCPU用の制御プログラムにも応用ができるようになります．

## 2-1 CANコントローラの概要

### ● MCP2515 CANコントローラの概要

マイクロチップ社のMCP2515はSPI（Serial Peripheral Interface）通信で操作することできるCANコントローラです．CAN V2.0Bに対応しています．CANトランシーバMCP2551と組み合わせて簡単にCANノードを作ることができます．**図2-1**にMCP2515のピン配列を示します．DIPパッケージも用意されているため，ブレッドボードなどでも使用できます．また，フラット・パッケージを含めた外観を**写真2-1**に示します．

> おもな仕様

- ▶ CAN V2.0B準拠 最高ビットレート 1Mbps
- ▶ メッセージ長は11ビット，29ビット両対応

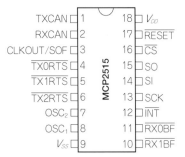

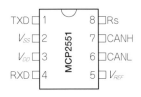

(a) CANコントローラ MCP2515（DIP/SOIC）ピンアウト[*1]　　(b) CANトランシーバ MCP2551（DIP/SOIC）ピンアウト[*2]

**図2-1**[(1),(2)]　**CANデバイスのピン・アウト**
本書で使用するCANコントローラ（MCP2515）とCANトランシーバ（MCP2551）のピン配列を示す．MCP2515のTSSOPパッケージは20ピンで一部ピン配置が異なるので注意．

**写真2-1　CANコントローラIC**
マイクロチップ社のCANコントローラ(MCP2515)，CANトランシーバ(MCP2551)の外観を示す．MCP2515のTSSOPのピン数，ピン配列は，DIPとSOICのものとは異なるので注意．

- ▶ 二つの受信バッファをもつ
- ▶ 三つの送信バッファをもつ
- ▶ 六つの29ビット・フィルタと二つの29ビット・マスクをもつ
- ▶ 三つのRTS信号入力ピンあり
- ▶ 二つのRXBUF信号出力ピンあり
- ▶ ハイ・スピードSPI(10MHz)
- ▶ クロック出力端子あり(ホスト・マイコンのクロックなどに利用可能)
- ▶ 送受信タイミングなど多様な割り込み発生機能あり
- ▶ ロー・パワーCMOSテクノロジで動作電圧は2.7V～5.5V動作時消費電力5mA(標準)
- ▶ 動作保証温度－40℃～+85℃(産業用)
- ▶ スリープ・モードあり データ受信などのイベントでウェイクアップ可能

　このコントローラは，PIC18Fxx8などに内蔵されているECANモジュールのレガシ・モード相当の機能があるものと思われます．
　レジスタのアクセスの際は，PICがもつSPI通信でインストラクションやデータを送受信するため，特定の手順が必要ですが，その反面，SPIさえ備えていれば，接続先を選ばないという利点があります．

■ RTS$n$信号($n$=0～2)
　MCP2515には三つのRTS信号入力があります．この三つはそれぞれ三つの送信バッファに対応していて，ハードウェアにより送信を開始させるトリガ信号となっています．この機能を利用しない場合は，切り替えにより単純な汎用の入力ポートとしても使えます．

■ RX$n$BUF信号($n$=0,1)
　MCP2515には二つのRXBUF出力信号があります．この二つはそれぞれ二つの受信バッファに対応していて，メッセージが受信されたタイミングをハードウェアで検出できるようになっています．割り込み信号として利用できます．この機能を利用しない場合は，切り替えにより単純な汎用の出力

**表2-1　ビットレート一覧表**

CANの1ビットが16TQの場合のBRP設定値とビットレートの一覧表.
$TQ = 2 * (BRP + 1) / F_{OSC}$ の関係がある.

| 発振子周波数(MHz) | BRP 設定値 | $TQ$(ns) | CAN ビットレート(kHz) |
|---|---|---|---|
| 20 | 0 | 100.0 | 625.0 |
| | 1 | 200.0 | 312.5 |
| | 2 | 300.0 | 208.3 |
| | 3 | 400.0 | 156.3 |
| | 4 | 500.0 | 125.0 |
| | 5 | 600.0 | 104.2 |
| | 6 | 700.0 | 89.3 |
| 16 | 0 | 125.0 | 500.0 |
| | 1 | 250.0 | 250.0 |
| | 2 | 375.0 | 166.7 |
| | 3 | 500.0 | 125.0 |
| | 4 | 625.0 | 100.0 |
| | 5 | 750.0 | 83.3 |
| | 6 | 875.0 | 71.4 |
| 12 | 0 | 166.7 | 375.0 |
| | 1 | 333.3 | 187.5 |
| | 2 | 500.0 | 125.0 |
| | 3 | 666.7 | 93.8 |
| | 4 | 833.3 | 75.0 |
| | 5 | 1000.0 | 62.5 |
| | 6 | 1166.7 | 53.6 |
| 8 | 0 | 250.0 | 250.0 |
| | 1 | 500.0 | 125.0 |
| | 2 | 750.0 | 83.3 |
| | 3 | 1000.0 | 62.5 |
| | 4 | 1250.0 | 50.0 |
| | 5 | 1500.0 | 41.7 |
| | 6 | 1750.0 | 35.7 |

ポートとしても使えます.

　本書の製作例では，RX0BFにLEDを接続して，SPI通信の動作確認に利用している場合があります.

■ リセット信号

　リセット回路は外部に用意する必要があります. また，SPI経由のリセット・コマンド送出によってもリセットすることができます. リセット回路は$CR$による一般的なものですが，実際のリセット回路は，製作例の回路図を参照してください. 半導体メーカ各社から発売されているリセットICを使ってもかまいません.

■ クロック

　ボーレートが低い場合は，発振子には多少精度が劣るレゾネータ(セラミック発振子)が利用できます. ボーレートが高い場合にはクリスタルを使う必要があります. 発振子を使わずにオシレータのクロック信号を直接入力することも可能です. 発振子周波数とビットレート，パラメータの設定の組み合わせの一部を**表2-1**に示します.

CLKOUTピンからクロック信号を出力することができます．このクロックは内蔵のプリスケーラで1/1，1/2，1/4，1/8のいずれかに分周して出力することができます．マイコンのクロックとして利用することも可能です．パワー・オン直後，リセット時には1/8に設定されるので，必要に応じてプリスケーラを再設定する必要があります．

## ● 割り込みとその要因(エラー，非エラー)

MCP2515には大きく分けて8種類の割り込み要因があります．割り込みを使わない場合でも，要因フラグのチェックやクリアが必要なものがあります．

割り込みが許可された状態で割り込みが発生すると，INTピンが"L"レベルに設定されホストへ知らせます．この状態は，ソフトウェアによって割り込み要因がクリアされるまで維持されます．

割り込みを使う場合は，このINT信号をマイコンの割り込み入力ピンに接続しておき，割り込み処理で，MCP2515から要因を読み出して処理を実行したあと，割り込み要因をクリアします．

割り込み要因はSPIコマンドでCANINTFレジスタを読み出すことで特定できます．また，割り込み状態をクリアする場合もSPIコマンドで同レジスタの該当ビットに'0'を設定することでクリアできます．

なお，割り込みを使う場合は，あらかじめCANINTEレジスタで要因ごとに割り込みを許可しておく必要があります．割り込みを使わない場合は，CANINTFレジスタをポーリングするなどして読み出すことで，割り込み要因を知ることもできます．

なお，言うまでもありませんが，マイコン側でも割り込みを受け付けるような処理が必要です．PICの場合は，通常はINT$n$($RB_0$〜)割り込みを使うことになると思います．

次に，割り込み要因をCANINTFレジスタのビット構成にそって簡単に説明します．次のような要因があります．

> ▶ MERRE……メッセージ・エラー(メッセージの送受信中に発生するエラー)が発生
> ▶ WAKIF……スリープ状態からウェイクアップした
> ▶ ERRIF……エラー割り込み発生(複数要因あり，内容はEFLGレジスタに格納)
> ▶ TX2IF……送信バッファ2「空」
> ▶ TX1IF……送信バッファ1「空」
> ▶ TX0IF……送信バッファ0「空」
> ▶ RX1IF……受信バッファ1「フル」(受信データあり)
> ▶ RX0IF……受信バッファ0「フル」(受信データあり)

RX$n$IF受信バッファ$n$「フル」は，受信データがバッファにあるときにセットされますが，このフラグは割り込み使用の有無に関わらず，受信データを取り出したあと，必ずクリアしておく必要があります．これを怠ると，次にメッセージを受信しようとしたときにオーバフロー・エラーが発生します．

TX$n$IF送信バッファ$n$「空」は，送信バッファが利用可能になったことを知るためのものですが，このフラグは割り込みを使用していない場合は，クリアしなくても動作に支障はありません(クリアしておかないといつ空になったかわからないが)．割り込みを許可している場合はもちろん，クリア

は必要です.

なお,送信が完了したかどうかは,コントロール・レジスタの読み出しやSPIコマンドのステータス・リード・コマンドなどでも判断できます.

## ● エラー割り込み

前述の割り込み要因の一つである,エラー割り込みについて説明します.エラー割り込みが発生すると,CANINTF.ERRIFがセットされて,CANINTF.ERRIEで割り込みが許可されていると割り込みが発生します.

この割り込みには,さらに複数の要因があり,EFLGレジスタを読み出すことでその要因を特定できます.これらの要因をEFLGレジスタのビット構成にそって簡単に説明します.なお,TECレジスタは送信エラー・カウンタ,RECレジスタは受信エラー・カウンタのことです.エラー・カウントについては第1章の「エラー・ステート」を参照してください.

次のような要因があります.

> ▶ RX1OVR ········ 受信バッファ1オーバフロー
> ▶ RX0OVR ········ 受信バッファ0オーバフロー
> ▶ TXBO ············ バス・オフ・エラー　TECが255に達した場合にセット
> ▶ TXEP ············ 送信エラー・パッシブ　TECが128以上でセット
> ▶ RXEP ············ 受信エラー・パッシブ　RECが128以上でセット
> ▶ TXWAR ········· 送信エラー・ウォーニング　TECが96以上でセット
> ▶ RXWAR ········· 受信エラー・ウォーニング　RECが96以上でセット
> ▶ EWARN ········· エラー・ウォーニング　TECまたはRECが96以上でセット

受信バッファnのオーバフロー・エラーは,すでに受信バッファnにデータがあり,CANINTF.RXnIFがまだリセットされていないときに,受信バッファn向けのメッセージを受信すると発生します.このエラーはホスト(マイコン)のソフトウェアでリセットする必要があります.なお,ロールオーバ・オプションを設定しておくと,二つの受信バッファはダブル・バッファとして働き,1回のオーバフローはエラーを回避できます(「受信時のロールオーバ・オプション」の項参照).

エラー・カウンタ関係のエラー,ウォーニングはカウント値が増加して閾値に達するとセットされ,減少して閾値より小さくなるとリセットされます.読み出しは可能ですが,直接書き換えることはできません.

バス・オフ・エラーはCANバスにとって致命的なエラーですので,エラー・リカバリ・シーケンスが成功したときのみリセットされます.

なお,エラー割り込みでこれらの要因の処理を終了したら,大元のCANINTF.ERRIFをリセットするのを忘れないように注意してください.

# 2-2 MCP2515のレジスタの概要

## ● MCP2515のレジスタをグループに分けて見る

データシートのレジスタ・サマリを見ると，たくさんのレジスタが並んでいるので，最初は戸惑いましたが，落ち着いてよく見ると，同じ種類のレジスタがいくつもあったり，グループになっていたりしていることがわかります．とくに送信バッファと受信バッファは，メッセージのバイト数分の領域があり，そのグループがいくつかあるという構成になっています．

それに加えて，動作モードなどコンフィギュレーション設定に必要なレジスタや，ステータス・レジスタ，割り込み関係のレジスタなどがあります．これらのレジスタはSPIコマンドを通してアクセス可能です．

次に主なレジスタの概要を示します．

### ■ コンフィギュレーション・レジスタ

CANビットレートやCANビット・タイムのパラメータなどを設定するレジスタです．CNF1～CNF3の三つに分かれています．

### ■ コントロール・レジスタ

MCP2515のオペレーション・モードやクロック出力ピンの使用有無，クロック出力のプリスケーラなどを設定するレジスタです．

### ■ ステータス・レジスタ

現在のオペレーション・モードを読み出したり，割り込みフラグ・コードを読み出すためのレジスタです．

### ■ 送信バッファ

MCP2515はTXB0，TXB1，TXB2の三つの送信バッファをもっています．それぞれ，**図2-2**のように14バイトの連続する領域から構成されています．単に送信バッファという場合は，この14バイトの領域のことを指します．レジスタ内の内訳が異なるものはありますが，受信バッファと同じような構成になっています．詳細は後述します．

### ■ 受信バッファ

MCP2515はRXB0，RXB1の二つの受信バッファをもっています．それぞれ，**図2-2**のように14バイトの連続する領域から構成されています．単に受信バッファという場合は，この14バイトの領域のことを指します．レジスタ内の内訳が異なるものはありますが，送信バッファと同じような構成になっています．詳細は後述します．

### ■ マスク，フィルタ・レジスタ

受信時のフィルタ値，マスク値を設定するレジスタです．

### ■ 割り込み関係のレジスタ

直接割り込みに関係するレジスタは，CANINTEとCANINTFの二つあります．CANINTEは各種割り込みの許可，禁止を設定するレジスタです．また，CANINTFは割り込み要因の発生状態を保持するレジスタです．

### ■ エラー・カウンタ

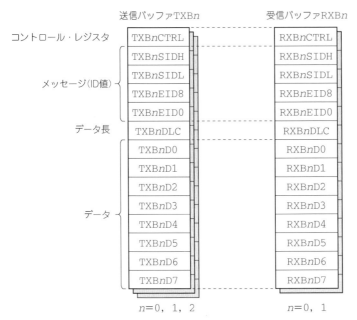

送信バッファTXB*n*　　　　　　　受信バッファRXB*n*

| コントロール・レジスタ | TXB*n*CTRL | RXB*n*CTRL |
| メッセージ(ID値) | TXB*n*SIDH | RXB*n*SIDH |
| | TXB*n*SIDL | RXB*n*SIDL |
| | TXB*n*EID8 | RXB*n*EID8 |
| | TXB*n*EID0 | RXB*n*EID0 |
| データ長 | TXB*n*DLC | RXB*n*DLC |
| データ | TXB*n*D0 | RXB*n*D0 |
| | TXB*n*D1 | RXB*n*D1 |
| | TXB*n*D2 | RXB*n*D2 |
| | TXB*n*D3 | RXB*n*D3 |
| | TXB*n*D4 | RXB*n*D4 |
| | TXB*n*D5 | RXB*n*D5 |
| | TXB*n*D6 | RXB*n*D6 |
| | TXB*n*D7 | RXB*n*D7 |

*n*=0, 1, 2　　　　　　*n*=0, 1

**図2-2　送/受信バッファのレジスタ構成**
送信バッファ，受信バッファのレジスタ構成を示す．送信バッファは三つ，受信バッファは二つあり，それぞれ連続した14バイトの領域にマッピングされている．

　エラー・カウンタ(TECとREC)は，CANバス・エラーが発生したときに加算されるエラー・カウント値のカウンタです．

## 2-3　CANコントローラへのアクセス（SPI通信）

### ● レジスタ類の設定（SPI）

　MCP2515はオペレーションにSPI通信を使うのが特徴です．そのため，SS(CS)，SDO(DO)，SDI(DI)，CLKの4本の信号線とGNDだけでCPUに接続でき，SPIのマスタとして動作するものなら，CPUの種類は問いません．SPI通信は制御が単純なので，汎用のI/Oポートが4本確保できれば，SPIのハードウェア・モジュールを内蔵していないCPUでもソフトウェアだけで簡単に制御できます．

　PIC18Fxx8などのCANコントローラ内蔵のデバイスと違い，直接レジスタに値を書き込んだり，読み出したりすることはできないため多少手間がかかりますが，レジスタのリード/ライト処理を関数(ライブラリ)化して用意しておけば，とくにSPIを意識する必要もありません．詳細はプログラミングの項で説明します．

　次から，コマンドについて説明します．

### ■ リセット・コマンド（RESET）

　MCP2515をリセットするコマンドです．ハードウェアによるリセットと同じ効果があります．

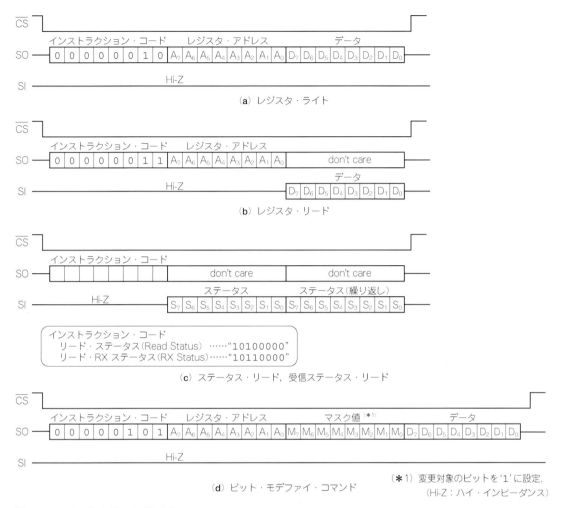

**図2-3　レジスタのリード/ライト**
SPI通信による各種レジスタへのアクセスのフォーマットを簡易的に示す．クロックは省略している．なお，SI(入力)，SO(出力)はホスト(マイコン)側から見た名称でMCP2515からみると，I/Oは逆になる．

**■ レジスタ・ライト・コマンド**(WRITE)

　指定アドレスのレジスタに値を書き込むコマンドです．このコマンドの処理は，レジスタのアドレスと書き込みデータを順番にSPIで出力するだけです．SPIの場合，出力と同時に何らかのデータが送り返されてきますが，そのデータには意味がないので無視すればよく，処理も簡単です．

　レジスタ・ライトの通信のフォーマットを簡易的に表したものを**図2-3**(a)に示します．

**■ レジスタ・リード・コマンド**(READ)

　指定アドレスのレジスタから値を読み出すコマンドです．このコマンドの処理は，レジスタのアドレスをSPIで出力したあと，データを入力するだけです．SPI通信ではデータ読み出しの際は，何らかのデータを同時に送信する必要がありますが，このデータには意味がありませんので，値は何でも

**表2-2　ステータス・リード・コマンドのビット定義**
ステータス・リード・コマンド，受信ステータス・リード・コマンドで返されるステータスのビット定義．

● ステータス・リード・コマンド（**READ STATUS**）

| bit | 要　因 | 意　味 |
|---|---|---|
| $b_7$ | TXB0CNTRL.TXREQ | 送信バッファ0送信要求 |
| $b_6$ | TXB1CNTRL.TXREQ | 送信バッファ1送信要求 |
| $b_5$ | TXB2CNTRL.TXREQ | 送信バッファ2送信要求 |
| $b_4$ | CANINTF.TX2IF | 送信バッファ0「空」 |
| $b_3$ | CANINTF.TX1IF | 送信バッファ1「空」 |
| $b_2$ | CANINTF.TX0IF | 送信バッファ2「空」 |
| $b_1$ | CANINTF.RX1IF | 受信バッファ1「フル」 |
| $b_0$ | CANINTF.RX0IF | 受信バッファ0「フル」 |

● 受信ステータス・リード・コマンド（**RX STATUS**）

| bit | 要　因 | 意　味 |
|---|---|---|
| $b_7$ | 受信メッセージ | 00 = 受信なし<br>01 = RXB0に受信あり<br>10 = RXB1に受信あり<br>11 = 両バッファに受信あり |
| $b_6$ | | |
| $b_5$ | N/A | N/A |
| $b_4$ | メッセージ・タイプ | 00 = スタンダード・データ・フレーム<br>01 = スタンダード・リモート・フレーム<br>10 = 拡張データ・フレーム<br>11 = 拡張リモート・フレーム |
| $b_3$ | | |
| $b_2$ | フィルタ・マッチ | 000 = RXF0にマッチ<br>001 = RXF1にマッチ<br>010 = RXF2にマッチ<br>011 = RXF3にマッチ<br>100 = RXF4にマッチ<br>101 = RXF5にマッチ<br>110 = RXF0にマッチ（RXB1へロールオーバ）<br>111 = RXF1にマッチ（RXB1へロールオーバ） |
| $b_1$ | | |
| $b_0$ | | |

かまいません（つまり処理そのものを無視してもよい）．

　レジスタ・リードの通信のフォーマットを簡易的に表したものを**図2-3（b）**に示します．

■ **ステータス・リード・コマンド**（Read Status），**受信ステータス・リード・コマンド**（RX Status）

　動作状況やバッファの状態を知るために，各種ステータスを読み出すコマンドです．通信のフォーマットを簡易的に表したものを**図2-3（c）**に示します．ステータス・リードと受信ステータス・リードの2種類ありますが，インストラクション・コードが異なるだけでそれ以外は同じフォーマットです．これらのステータスの内容は**表2-2**のようになっていて，ステータス・レジスタ（CANSTAT）のフォーマットとは異なります．

　受け取るデータは2バイトありますが，同じデータが繰り返し送信されてきます．これらのリード処理は，レジスタ・リードでアドレス部分をdon't careと考えると，同じ処理が使えます．

■ **ビット・モデファイ・コマンド**（Bit Modify）

　指定レジスタの特定ビットのみを変更するコマンドです．レジスタのアクセスは8ビット単位ですが，割り込み関係のフラグのように，8ビットの中で特定のビットだけセットまたはリセットしたい場合があります．このような場合に，変更するビットを指定してそのビットだけを操作するというこ

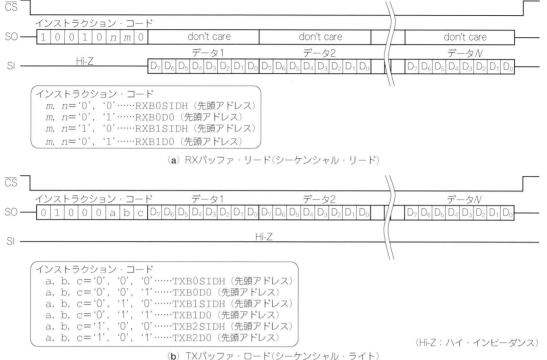

（a）RXバッファ・リード（シーケンシャル・リード）

インストラクション・コード
m, n='0', '0'……RXB0SIDH（先頭アドレス）
m, n='0', '1'……RXB0D0（先頭アドレス）
m, n='1', '0'……RXB1SIDH（先頭アドレス）
m, n='0', '1'……RXB1D0（先頭アドレス）

インストラクション・コード
a, b, c='0', '0', '0'……TXB0SIDH（先頭アドレス）
a, b, c='0', '0', '1'……TXB0D0（先頭アドレス）
a, b, c='0', '1', '0'……TXB1SIDH（先頭アドレス）
a, b, c='0', '1', '1'……TXB1D0（先頭アドレス）
a, b, c='1', '0', '0'……TXB2SIDH（先頭アドレス）
a, b, c='1', '0', '1'……TXB2D0（先頭アドレス）

（Hi-Z：ハイ・インピーダンス）

（b）TXバッファ・ロード（シーケンシャル・ライト）

**図2-4　送受信バッファのシーケンシャル・リード/ライト**
送受信バッファの連続した領域に効率良くアクセスするために，シーケンシャル・リード/ライトが利用可能．インストラクションの一部のビットで送受信するレジスタの先頭アドレスを指定する．これらコマンドを実行したあと，CSを"H"にすると，割り込み要因フラグCANINTF.RXnIFが自動的にクリアされる．
なお，SI（入力），SO（出力）はホスト（マイコン）側から見た名称で，MCP2515からみるとI/Oは逆になる．

とが，一部のレジスタで許されています．この操作を行うのが，ビット・モデファイ・コマンドです．コマンド送信の際に，変更したいビット位置の値を '1' にセットしたマスク値と，変更する値を続けて送信します．マスク値で '0' が設定されているビットは変更されません．

　このコマンドを使うと，いったん現在の設定値を読み出して，それにビット演算を加え再び書き戻す，というような手間が省け，いきなり特定ビットだけに値を設定することができます．

　ビット・モデファイができるレジスタは，コントロール・レジスタ，コンフィギュレーション・レジスタ，割り込み関係のレジスタなどです．対応していないレジスタに対してこのコマンドを使うと，マスク値がオール '1'（全ビットが変更対象）として扱われます．

　通信のフォーマットを簡易的に表したものを**図2-3（d）**に示します．

■ **RXバッファ・リード**（Read RX Buffer），**TXバッファ・ロード・コマンド**（Load TX Buffer）

　送信バッファまたは受信バッファに対して，連続してメッセージやデータの複数バイトを出し入れするコマンドです．

　送受信バッファは複数バイトのレジスタ領域からなりますが，それらを1バイトずつアクセスしていては効率が悪いため，効率をよくするために連続でデータにアクセスできる手段が用意されていま

す．RXバッファ・リードとTXバッファ・ロードの両コマンドは，インストラクション・コードの一部で対象バッファの先頭アドレスを選択することで，先頭アドレスから順に連続してデータを送受信することができます．通信のフォーマットを簡易的に表したものを**図2-4**に示します．

なおこのコマンドは，SIDの先頭から転送を始めた場合でも，続けて最大8バイトのデータ・バイトまで転送することもできるため，送受信バッファの先頭にある各コントロール・レジスタを除く13バイトすべてを一括でリード/ライトすることも可能です(コントロール・レジスタのアドレスは先頭アドレスとして指定できない)．

RXバッファ・リード・コマンドを実行すると，自動的に割り込み要因フラグの`CANINTF.RXnIF`がリセットされるため，改めてリセット処理を行う必要はありません．

■ **RTSコマンド**(Message Request-To-Send)

送信バッファに保存されているメッセージの送信を開始させるコマンドです．なお，CANバスが送信できる状況でないときは，送信ができるようになるまで保留されます．

## 2-4　MCP2515のレジスタ

■ **コンフィギュレーション・レジスタ**(CF1，CF2，CF3)

Appendix-A(6)〜(8)に三つのコンフィギュレーション・レジスタCNF1，CNF2，CNF3の構成を示します(p.178〜181)．これらレジスタでは，CANビット・タイムのパラメータやCANビット・レート，CANビットの同期制御に関係するパラメータなどを設定します．

■ **コントロール・レジスタ**(CANCTRL)

Appendix-A(9)にコントロール・レジスタCANCTRLの構成を示します．このレジスタではMCP2515のオペレーション・モードを設定したり，クロック出力ピンの動作を設定することができます．

REQOP2〜REQOP0の3ビットでオペレーション・モードが設定できますが，メッセージ送信中は，送信が完了するまで切替が保留されることがあります．切り替わったかどうかは，ステータス・レジスタCANSTATのOPMOD2〜OPMOD0で読み出すことで確認できます．

CLKENはクロック出力ピンにクロックを出力するかどうかを設定するビットです．このピンから出力されるクロックの周波数は，MCP2515に接続された発振子周波数をCLKPREで設定された分周比で分周したものになります．

ABATは未送信バッファの送信要求をすべて解除して送信を中断するためのビットです．

■ **ステータス・レジスタ**(CANSTAT)

Appendix-A(10)にステータス・レジスタCANSTATの構成を示します．OPMOD2〜OPMOD0は現在のMCP2515のオペレーション・モードを示しています．切り替え動作の後に切り替わったかどうかを確認するのに使用します．

ICODは割り込みコードを示していますが，複数の割り込みが発生しているときには，優先順位の一番高い割り込みのコードが示されています．その要因の割り込み処理が終わり要因が解除されると，次に優先順の高い割り込みコードが示されます．最後にアクティブな割り込み要因がなくなると000に設定されます．割り込み処理を順次処理していくときに利用できます．

## ■ 割り込み関係のレジスタ（CANINTE, CANINTF）

Appendix-A(11)，(12)に割り込み関係のレジスタCANINTEとCANINTFの構成を示します．

CANINTFは割り込み要因フラグで，割り込み要因が発生すると，CANINTFの該当ビットがセットされます．さらに，CANINTEの対応ビットで割り込みが許可されていると，MCP2515のINTピンが "L" レベルに設定され，外部に割り込み発生を通知します．

要因が発生してもCANINTEで対応する割り込みが許可されていない場合は，CANINTFで要因ビットがセットされてもINTピンは "L" レベルにはなりません．

なお，割り込み要因フラグをクリアする場合は，ビット・モデファイ・コマンドなどで，CANINTFの該当ビットを '0' にクリアします．

## ■ 送信バッファ

送信バッファはTXB0，TXB1，TXB2の三つあり，それぞれ14バイトの領域があります．この内訳は，**図2-2**のように送信バッファごとのコントロール・レジスタ（TXB$n$CTRL），メッセージ（ID値）の格納エリア（TXB$n$SID$x$，TXB$n$EID$x$），データ長レジスタ（TXB$n$DLC），データ本体（TXB$n$D0 ～ TXB$n$D7）です．

送信バッファのコントロール・レジスタTXB$n$CTRLは，Appendix-A(1)に示すようになっています．

TXREQは送信バッファにあるメッセージの送信要求を出すものですが，要求を出してもCANバスが使用中の場合は，バスが解放されるまで送信は保留されます．バスがアイドルのときはメッセージが送出されます．

TXPは送信バッファの優先順位を示すものです．詳細は次の「送信バッファの優先順位」で説明します．

MLOAは複数ノードが同時にメッセージを送出した際に調停負けしたこと（自分のメッセージが喪失したこと）を示すビットです．

TXERRはCANデータ送出中に発生する転送エラーを検出したときにセットされるビットです．

MLOAまたはTXERRのどちらかのビットがセットされている場合は，送信が失敗しているため，再送信の必要があります．

ABTFはメッセージ送信が中断されたときにセットされるビットです．CANCTRL.ABATがセットされて送信が中断されたときにのみセットされます．

メッセージ再送時は，いったんTXREQをリセットして送信要求を解除しますが，この場合はABTFはセットされません．

メッセージの格納エリアは，Appendix-B(1)に示すようにSID（標準IDフォーマット；11ビット）の2バイト（一部EIDビット含む）と，EID（拡張IDフォーマット；29ビット）の拡張部分の2バイトで合計4バイトで領域されています．

データ長レジスタTXB$n$DLCはデータ長（DLCの値）を指定するレジスタですが，リモート・フレームか，データ・フレームの指定ビットRTRビットもここにあります．

データ領域のTXB$n$D0 ～ TXB$n$D7は単純なバイト・データですので省略します．TX$n$DCLで指定されたバイト数だけが有効です．送信バッファ内のレジスタは，すべてリード，ライト可能です（コントロール・レジスタのステータス・ビットはリードのみ）．

■ 送信バッファの優先順位

　三つの送信バッファのコントロール・レジスタTXBnCTRLには，優先順位を設定する2ビットのTXPビットがありますが，この優先順位とはメッセージ(ID)値が示す優先順位とは何ら関係ありません．

　この優先順位はMCP2515内でペンディング(送信待ち)中のメッセージ(送信バッファ)の優先順位を示すもので，複数メッセージがある場合にどの送信バッファから優先して送信を始めるかを示すためのものです．複数の送信バッファがすべて同じ優先順位に設定されている場合は，バッファ番号が大きいものから順に送信されます．

■ 受信バッファ

　受信バッファはRXB0，RXB1の二つのあり，それぞれ14バイトの領域があります．この内訳は，図2-2のように受信バッファごとのコントロール・レジスタ(RXBnCTRL)，メッセージの格納エリア(RXBnSIDx，RXBnEIDx)，データ長レジスタ(RXBnDLC)，データ本体(RXBnD0〜RXBnD7)です．

　受信バッファ・コントロール・レジスタTXB0CTRL，TXB1CTRLの内容は，Appendix-A(3)，(5)に示します．これら二つのレジスタは，一部ビット内容が異なります．

　RXMは，フィルタとマスクの扱いを設定します．

　FLTHITは，メッセージ受信時に，メッセージがどのフィルタに一致したかを知るためのものです．

　TXB0CTRLのほうには，ロールオーバ・オプションの設定ビット(BUKT)と，リモート送信の要求があったかどうかを示すビット(RXRTR)があります．

　メッセージの格納エリアは，Appendix-B(2)に示すようにSID(標準IDフォーマット；11ビット)の2バイト(一部EIDビット含む)と，EID(拡張IDフォーマット；29ビット)の拡張部分の2バイトで合計4バイトで領域されています．

　これらのバイトはリード・オンリです．

■ マスク，フィルタ・レジスタ

　受信バッファに関連するレジスタとして，フィルタとマスクのレジスタがあります．フィルタ・レジスタとマスク・レジスタは，メッセージのマッチング値とマスク値をそれぞれ保持するものです．

　マスク・レジスタの '0' のビットに対応するID値のビットがマスクされます．したがってマスクを使用しない場合は，マスク・レジスタの全ビットを '1' に設定しておく必要があります．

　受信バッファのメッセージ(ID値)領域と類似の形をしています．

　フィルタとマスクの機能については，後述の「フィルタとマスク」の項を参照してください．

■ エラー・カウンタ

　エラー・カウンタは，CANバス・エラー(CRCエラーやACKエラーなど)が発生したときに加算されるエラー・カウント値のカウンタです．CANバス・エラーが発生すると，エラー・フレームが送出され，通常，エラー・カウント値の '8' がカウンタに加算されます．エラーなしで通信できた場合は，'−1' ずつ減算されていきます．MPC2515は送信エラー・カウンタTECと受信エラー・カウンタRECの二つの8ビットのカウンタをもっています．これらのカウンタは読み出し専用で，直接書き換えることはできません．

エラー・カウントについては，第1章の「エラー・ステート」を参照してください．

---

# 2-5　CANコントローラの機能

## ● 動作モード

MCP2515には次の五つの動作モードがあります．レジスタCANCTLR.REQOPで切り替わり，設定状況は，CANSTAT.OPMODEで確認できます．未送信のデータが残っている場合には，送信が完了するまでモード切り替えが保留されることがあります．次に五つの動作モードについて説明します．

### ■ コンフィギュレーション・モード

パワーアップ時，リセット時には自動的にこのモードに設定されます．初期化時など，各種コンフィギュレーション関係のレジスタを設定する際は，このモードにしておく必要があります．

### ■ ノーマル・モード

通常の運用モードです．コンフィギュレーション・レジスタの設定が終わったらこのモードに切り替えておく必要があります．

### ■ スリープ・モード

スリープ状態にして，消費電力を抑えるモードです．この状態では，内部のオシレータは発振を停止し，CANバスはリセッシブ状態に保たれます．データの受信やソフトウェア操作でウェイクアップさせることができます．ウェイクアップ時に割り込みを発生させることもできます．

### ■ リスン・オンリ・モード

送信はリセッシブ状態に固定で，受信のみを行うモードです．自ら送信することはできません．バス・モニタなどの受信専用の機器で利用します．このモードのときは，ACKビットの送出やエラー・フレームの送出はありません．第7章のバス・モニタはこのモードで動作させています．

### ■ ループバック・モード

送信データと受信データをループさせるモードですが，実際にCANバスへはデータは出力されず，MCP2515内でループバックされます．プログラム開発時に利用します．

## ● フィルタとマスク

通常，各ノードは，受信したメッセージの内容に応じて何らかの動作を起こしますが，自分に関係のないメッセージは処理する必要がないので，必要なメッセージだけを抽出する処理が必要です．MPC2515などのCANコントローラでは，このようなメッセージの振り分けを自動で実行して，不要なメッセージでホストCPUがむだに動作しなくてもよいような機能をもっています．

この機能がフィルタとマスクです．フィルタ機能は文字通り，メッセージを振り分ける機能です．フィルタとして設定されている値とメッセージ(ID)値が完全に一致(ヒット)するものだけをピックアップします．このフィルタは複数持たせることができるため，複数のメッセージに対応できます．

一方のマスクは，ID値の一部のビットをマスキングして(マスク・ビットに対応するメッセージのビットの値は何でもよくなる)，ある範囲の複数のメッセージを抽出できるようにします．たとえば，下位2ビットをマスクした場合，メッセージの下位2ビットが '00'，'01'，'10'，'11' の四つのメッセージにヒットさせることができます（上位9ビットはフィルタ値にマッチしている必要あり）．

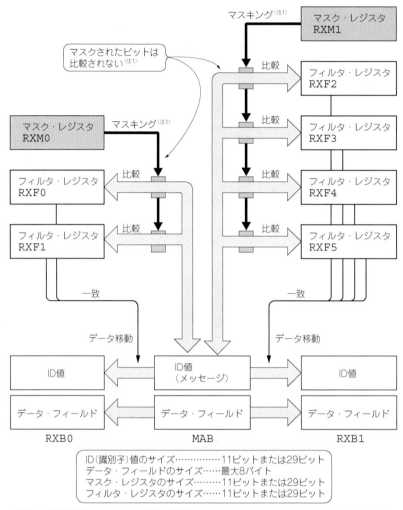

**図2-5 受信バッファの構造**
MCP2515の二つの受信バッファとフィルタ・レジスタ，マスク・レジスタの構造を示す．

マスク・レジスタに設定する値は，'0' のビットがマスクされるビットです．したがって，全ビットが '0' のマスクを適用すると，フィルタ値に関係なく，すべてのメッセージにヒットします．

　**図2-5**はMCP2515のフィルタとマスク，受信バッファの構造と働きを示したものです．

　受信したメッセージとデータはいったんMAB（Message Assembly Buffer）に保存され，フィルタとマスクで条件を満たすものだけが受信バッファRXB0またはRXB1に転送されます．なお，メッセージとデータ・フィールド以外にもコントロール・フィールドのDLC（データ長コード）値も一緒に転送されます．

条件を満たさないメッセージはこの段階で読み捨てられて，ホスト（マイコンなど）側は関知しません．

メッセージとフィルタ値の比較はフィルタ0から順番に行われるため，フィルタ0，フィルタ1のどちらともヒットしない場合は，続けてフィルタ2〜フィルタ5と比較され，そこでヒットするとバッファ1にメッセージが転送されます．

**図2-5**では機能を説明するために，フィルタの手前でマスキングするように意訳して描かれています．これは，マスクがかかっているビットはフィルタ値と比較されない，という意味です．実際の回路では，フィルタ値と比較したあとにマスクされたビットを無視するようになっていますので，注意してください．

フィルタとマスクの機能は無効にすることもできます．この場合はすべてのメッセージを受信することになります．ソフトウェアでメッセージを振り分けたい場合や，バス・モニタなどの機器で何でも受信したいという場合は，無効にすることもあります．

## ● 受信時のロールオーバ・オプション

受信した有効なメッセージ，データはRXB0に保存されますが，このデータを取り出さないまま，次のメッセージを受信しようとすると，オーバフロー・エラーが発生します．エラー発生を防止するためにロールオーバ・オプションを設定しておくと，2番目のデータを受信した際に自動的にRXB0の内容をRXB1に移して，2番目のデータをRXB0に保存してくれます．この場合はエラーにはなりません．言うまでもありませんが，次のメッセージ受信に備えて，受信メッセージはRXB1，RXB0の順に，できるだけ速やかに取り出さなければなりません（**図2-9**参照）．

## ● ロールオーバ・オプション設定時のマスク，フィルタについて

ロールオーバ・オプションを有効にして，二つの受信バッファをダブル・バッファとして使う場合も，フィルタ，マスク機能は，単独で受信バッファを使うときと同じように動作します．つまり，フィルタ，マスクを有効にする場合は，どちらも同じ条件でヒットするように設定しておかなければなりません．

一方をマスク，フィルタ使用，もう一方をマスク，フィルタ非使用と設定してしまうと，結果的にすべてのメッセージにヒットしてしまい，フィルタの機能が働かなくなります．動作から判断すると，ロールオーバを有効にしていても，フィルタ2〜フィルタ5とマスク1の条件にヒットすれば，受信バッファ1でもメッセージを受信するようです．受信バッファ1側で絶対にヒットしないような条件にフィルタとマスクを設定しておくのもよいかもしれません．

ダブル・バッファの場合でも，最初に受信するのは受信バッファ0のほうなので，そちらだけの設定でよさそうなものですが，筆者は最初そのように考えていたため，フィルタが効かずにほかのノード宛のメッセージを拾って誤動作するという不具合に悩まされることになりました．

## ● CANビット・タイムとCANビットレート

CANの1ビットは**図2-6**（p.38）のようになっています．1ビットが細かく刻まれていますが，この刻みごとにタイミングをとって送受信が制御されています．

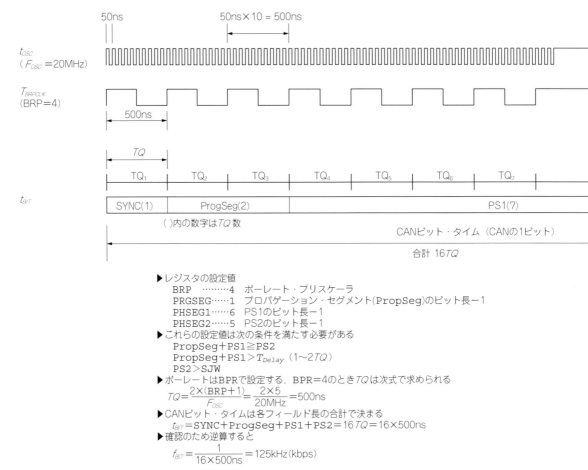

**図2-6 CANの1ビットの詳細**
クロック周波数 $F_{OSC}$ が20MHz，CANビットレートが125kHzのときの各レジスタの設定値とCANビットの1ビット当たりの構成を示す．

　MPC2515は $TQ$（Time Quantum）というクロック単位で動作しています．同図の例では，16個の $TQ$ でCANデータの1ビットを構成しています．

　ビットレートが125kHzの場合，1 CANビットの幅は1/125kHz = 8 $\mu$s となります．これを1/16した500nsという値が1 $TQ$ の長さ（時間）です．この16の内訳はSYNC，PropSeg，PS1，PS2の四つのフィールドです．PropSeg，PS1，PS2の長さは対応するレジスタで変更可能ですが，同図に示すような大小関係を満たす必要があります．また，これら三つに対応するレジスタへ設定する値は，実際の値から '-1' したものを設定する必要があります．

　$TQ$ を500nsにするには，MCP2515の発振子の周波数 $F_{OSC}$ が20MHzの場合，1/10に分周する必要があります（1/2MHz = 500ns）．$TQ = 2 \times (1+BRP) / F_{OSC}$ という関係式が定義されています．この式の「$2 \times (1+BRP)$」が10になればよいわけで，逆算すると，$F_{OSC}$ が20MHzの場合のBRPの値は '4'

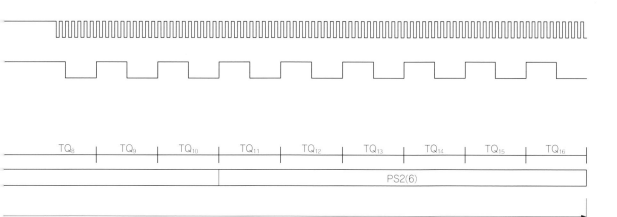

| TQ$_8$ | TQ$_9$ | TQ$_{10}$ | TQ$_{11}$ | TQ$_{12}$ | TQ$_{13}$ | TQ$_{14}$ | TQ$_{15}$ | TQ$_{16}$ |
|---|---|---|---|---|---|---|---|---|
| | | | PS2(6) | | | | | |

になります.

　言い換えると，CANビットレートはBRPで決定される*TQ*の長さで決まるということです．BRPはCNF1レジスタのBRP5 〜 BRP0ビットに設定する値です．発振子が8MHzの場合は，2MHzを得るのに分周して1/4にすると考えると 2 × (1 + BRP) = 4 より BRP = 1 となります.

　CANの1ビットを16*TQ*で構成する場合，発振子を16の倍数の16MHzにすることで，125kHz，250kHz，500kHzとキリのよいボーレートを設定することができます（**表2-1**）.

　このようにBRP値によりCANビットレートは決まりますが，PropSegなどのビット・パラメータを変更して*TQ*数を変更することで，BRP値だけでは設定できないようなCANビットレートに設定することもできます.

## 2-6　メッセージの送受信

### ● メッセージ送信の手順

　メッセージ送信の手順を簡単に説明します．手順は次のようになります.

(1) 送信バッファにメッセージ，データ長，データを設定

(2) コントロール・レジスタで送信要求を発行

(3) 送信完了またはエラーのステータス（割り込みやフラグ）をチェック

(4) 送信が完了していない場合はメッセージを再送

　一番シンプルな（エラー処理のない）場合の処理のフローチャートを**図2-7**(**a**)(p.40)に示します.

　リモート・フレームを送信した場合は，応答として相手ノードからのデータ・フレームを期待しているわけですから，そのデータを受信する必要があります．もし正常に受信できない場合は，再び，リモート・フレームのメッセージを再送するなどのリトライ処理が必要です.

　**リスト2-1**(p.41)は，送信直後に各レジスタの値をシリアル通信でPCへ送信し，PC側のターミナ

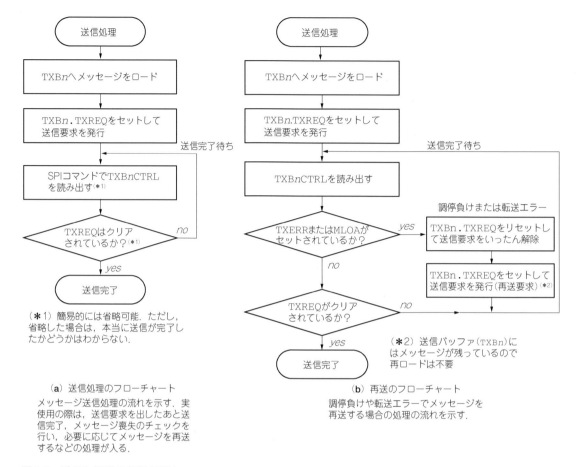

（＊1）簡易的には省略可能．ただし，省略した場合は，本当に送信が完了したかどうかはわからない．

（＊2）送信バッファ（TXBn）にはメッセージが残っているので再ロードは不要

**（a）送信処理のフローチャート**
メッセージ送信処理の流れを示す．実使用の際は，送信要求を出したあと送信完了，メッセージ喪失のチェックを行い，必要に応じてメッセージを再送するなどの処理が入る．

**（b）再送のフローチャート**
調停負けや転送エラーでメッセージを再送する場合の処理の流れを示す．

**図2-7　送信と再送の処理の流れ**

ル・ソフトで表示させたものです．1行が1回の送信を表し，1秒ごとに送信しているため，次の行までの時間が1秒ということになります．

　同リストの(1)の前半に示すように，受信ノードがない場合，CANCTRLレジスタの「転送エラー」ビットがセットされ，ソフトウェアで送信直前にセットしている「メッセージ送信要求」のビットが自動でクリアされずにセットされたまま残っています．また，送信エラー・カウンタTECにいきなり128が加算されています．CANINTFレジスタでも「転送エラー」ビットがセットされています．

　途中で受信ノードを動作させると，「転送エラー」フラグはリセットされ，エラー・カウンタが一つずつ減算されていくのが確認できます．なお，CANINTFレジスタの「エラー割り込み」ビットは，ソフトウェアでクリアしていないため，セットされたままになっています．

　同リストの(2)は初めから受信ノードが動作している状態のもので，「メッセージ送信要求」ビットが自動でクリアされ，エラー・カウントが '0' のままで正常に送信できていることが確認できます．

　送信が完了して，送信バッファが再利用可能になると，送信バッファ「空」の割り込み要因フラグ（CANINTF.TXnIF）がセットされ，割り込みが許可されていると，割り込みが発生します．送信

**リスト 2-1 送信時の各レジスタ値の確認**

1秒ごとにメッセージを送信して，送信直後に各レジスタの値をシリアルでPCへ送信し，それを記録したリスト．(1)は初め受信ノードなしで送信を始め，途中から受信ノードの電源を入れて正常に送信させたときのもの．(2)は初めから受信ノードが作動しているときのもの．

(1) 初め受信ノードなしで途中から受信ノードが作動

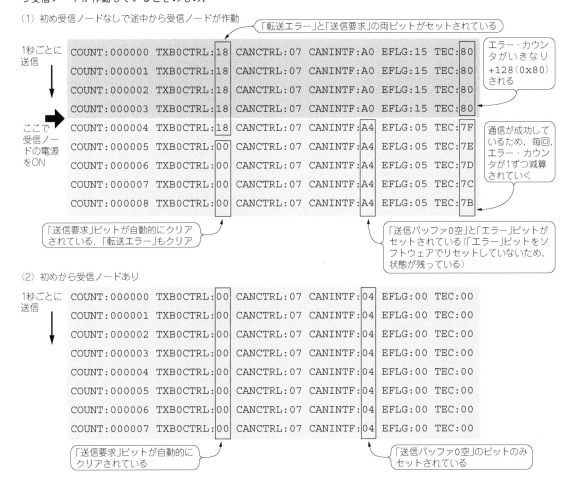

1秒ごとに送信

「転送エラー」と「送信要求」の両ビットがセットされている

```
COUNT:000000 TXB0CTRL:18 CANCTRL:07 CANINTF:A0 EFLG:15 TEC:80
COUNT:000001 TXB0CTRL:18 CANCTRL:07 CANINTF:A0 EFLG:15 TEC:80
COUNT:000002 TXB0CTRL:18 CANCTRL:07 CANINTF:A0 EFLG:15 TEC:80
COUNT:000003 TXB0CTRL:18 CANCTRL:07 CANINTF:A0 EFLG:15 TEC:80
```

エラー・カウンタがいきなり+128(0x80)される

ここで受信ノードの電源をON

```
COUNT:000004 TXB0CTRL:18 CANCTRL:07 CANINTF:A4 EFLG:05 TEC:7F
COUNT:000005 TXB0CTRL:00 CANCTRL:07 CANINTF:A4 EFLG:05 TEC:7E
COUNT:000006 TXB0CTRL:00 CANCTRL:07 CANINTF:A4 EFLG:05 TEC:7D
COUNT:000007 TXB0CTRL:00 CANCTRL:07 CANINTF:A4 EFLG:05 TEC:7C
COUNT:000008 TXB0CTRL:00 CANCTRL:07 CANINTF:A4 EFLG:05 TEC:7B
```

通信が成功しているため，毎回，エラー・カウンタが1ずつ減算されていく

「送信要求」ビットが自動的にクリアされている．「転送エラー」もクリア

「送信バッファ0空」と「エラー」ビットがセットされている(「エラー」ビットをソフトウェアでリセットしていないため，状態が残っている)

(2) 初めから受信ノードあり

1秒ごとに送信

```
COUNT:000000 TXB0CTRL:00 CANCTRL:07 CANINTF:04 EFLG:00 TEC:00
COUNT:000001 TXB0CTRL:00 CANCTRL:07 CANINTF:04 EFLG:00 TEC:00
COUNT:000002 TXB0CTRL:00 CANCTRL:07 CANINTF:04 EFLG:00 TEC:00
COUNT:000003 TXB0CTRL:00 CANCTRL:07 CANINTF:04 EFLG:00 TEC:00
COUNT:000004 TXB0CTRL:00 CANCTRL:07 CANINTF:04 EFLG:00 TEC:00
COUNT:000005 TXB0CTRL:00 CANCTRL:07 CANINTF:04 EFLG:00 TEC:00
COUNT:000006 TXB0CTRL:00 CANCTRL:07 CANINTF:04 EFLG:00 TEC:00
COUNT:000007 TXB0CTRL:00 CANCTRL:07 CANINTF:04 EFLG:00 TEC:00
```

「送信要求」ビットが自動的にクリアされている

「送信バッファ0空」のビットのみセットされている

バッファに次のデータをロードするタイミングを知るのに使えますが，割り込みを使用していない場合は，簡易的にはこのフラグを無視してもかまいません．

## ● メッセージ再送

実用プログラムでは，メッセージの送信に失敗したときにそのメッセージを再送する処理が必須です．図2-7(b)に再送処理を含めた送信処理のフローチャートを示します．

送信の際，まったく同じタイミングでほかのノードも送信を始めた場合は調停(アービトレーション)が実行されますが，調停に負けたほうのノードは，自分が送出したメッセージを喪失します．通常はこれを検知してメッセージを再送する必要があります．

調停負けによるメッセージ喪失は，TXBnCTRL.MLOA(メッセージ喪失)で知ることができます．

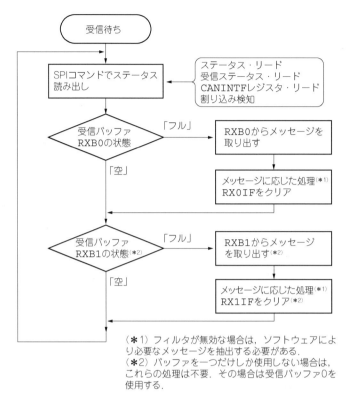

**図2-8 受信処理のフローチャート**
受信ステータスなどを調べてメッセージを受信したこと検知した場合は，受信バッファからデータを取り出す．
フィルタ，マスクが有効な場合は，それらの条件にヒットしたメッセージだけが検知できる．

図2-7(**b**)のフローチャートのように，送信後にこのフラグをチェックし，セットされている場合は
TXB*n*CTRL.TXREQをいったんクリアしてメッセージ送信要求を解除し，再送開始のタイミングで
再び同フラグをセットします．このときCANバスが使用できる状態ならメッセージが送信されます．
　送信時にCANバス・エラー（ACKエラーなど）が発生した場合はTXB*n*CTRL.TXERR（転送エ
ラー）がセットされるため，調停負けのときと同じ手順でメッセージを再送します．

## ● メッセージ受信の手順
　メッセージ受信の手順を簡単に説明します．手順は次のようになります．
（1）割り込みやステータス，フラグのチェックにより受信を検知
（2）受信バッファよりメッセージ，データを取り出す
（3）メッセージ内容を調べてそれに応じた処理を実行
　一番シンプルな（エラー処理のない）場合の処理のフローチャートを**図2-8**に示します．
　メッセージ・フィルタを設定していない場合は，CANバス上に現れるすべてのメッセージを受信
してしまうため，自分に必要なものをソフトウェアで判断して取り出す必要があります．フィルタを

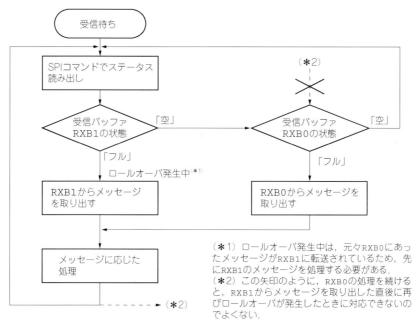

**図2-9　ロールオーバ対応の受信待ち処理**
ロールオーバを許可している場合は，RXB0とRXB1はダブル・バッファとして働く．この設定の際，両バッファに受信メッセージがある場合は常にRXB1から先に処理する．

(図中)
受信待ち

SPIコマンドでステータス読み出し

受信バッファRXB1の状態　「空」

「フル」
ロールオーバ発生中[*1]

RXB1からメッセージを取り出す

メッセージに応じた処理

(＊2)

(＊2)

受信バッファRXB0の状態　「空」

「フル」

RXB0からメッセージを取り出す

(＊1) ロールオーバ発生中は，元々RXB0にあったメッセージがRXB1に転送されているため，先にRXB1のメッセージを処理する必要がある．
(＊2) この矢印のように，RXB0の処理を続けると，RXB1からメッセージを取り出した直後に再びロールオーバが発生したときに対応できないのでよくない．

設定している場合は，フィルタにヒットしないメッセージは検知できない（する必要がない）ため，無関係なメッセージの処理をする必要はありません．

　メッセージを受信すると，受信バッファ「フル」の割り込み要因フラグ（CANINTF.RXnIF）がセットされ，割り込みが許可されていると，割り込みが発生します．このフラグは受信バッファからデータを取り出したあとソフトウェアでリセットする必要があります．リセットしないまま次のデータを受信しようとすると，オーバフロー・エラーが発生します．なお，SPI通信のRXバッファ・リード（READ RX BUFFER）コマンドを実行すると，CANINTF.RXnIFは自動的にリセットされます．

　図2-9はロールオーバ・オプションを有効にしたときの，受信処理のフローチャートです．最初にRXB1（受信バッファ1）の受信状態により，ロールオーバが発生しているかを調べるのがポイントです．両方の受信バッファに受信メッセージがある場合は，常にRXB1から先にメッセージを取り出すことに注意してください．

● **エラー処理**

　CANバス・エラー（通信により発生するCRCエラーやACKエラーなど）が発生すると，エラー・カウンタが加算されますが，どのエラーが発生したかはコントローラから読み取ることはできません．この場合は，転送エラーという形でメッセージの再送が必要なことが判断できるので，再送処理を行います．調停負けの場合はフェイタル・エラーではありませんが，やはり，メッセージ喪失という状

態になるため，エラー時と同様に再送処理を行います．

　送信したのに受け取るノードが存在しないという場合は，おそらく，ACKエラー（相手からACKが返らない）ということになるでしょう．この場合も，メッセージを再送するべきですが，相手がそもそも存在しない（または電源が入っていない）ような場合に無制限に再送を繰り返すと，CANバス上のほかのノード間の通信に支障がでる可能性があります．

　通常，送信完了をチェックして，再送が必要とされる場合は，直ちに送信要求を再発行してもかまいませんが（もし，バスが使用中の場合は，送出が待たされるだけで，バスが空になりしだい送信される），相手が存在しない場合のことを考慮して，間隔をあけてリトライするとか，規定回数で通信を打ち切って不具合をユーザに通知するなどの処理が必要になるかもしれません．

　前述のような実験の結果（**リスト2-1**），相手が存在しない場合は，いきなり送信エラーカウンタ（TEC）に0x80（128）が加算されますが，それ以降はその状態が継続してもカウント値は増加しません．したがって送信相手が存在しないだけでは，バス・オフになることはありません．

　エラーには，もう一種類，CANコントローラで発生するエラーがあります．受信バッファのオーバフローがそれです．このエラーが発生する場合は，メッセージ受信時に，より迅速にメッセージを受信バッファから取り出すようにプログラム・ロジックを変更する必要があります．

　その他，CANコントローラで検出できるエラーには，エラー・パッシブ検出，エラー・ウォーニング検出，バス・オフ検出もありますが，これらはCANバス・エラーの発生が要因となっているため，どちらかというと，状況を把握するために使用するということになるでしょう．

## 2-7　CANトランシーバの概要

### ● MCP2551 CANトランシーバの概要

　マイクロチップ社のMCP2551はTTL/CMOSレベルのCAN信号とCANレベルの差動信号を相互に変換するインターフェース・デバイスです．MCP2515のトランシーバとしてだけでなく，CANコントローラ内蔵のPICなどのトランシーバとしても利用できます．**図2-1**にMCP2551のピン配列を示しました．DIPパッケージも用意されているため，ブレッドボードなどでも使用できます．電源電圧が5Vなので，3.3V系の回路にはそのまま使用できません．

( **おもな仕様** )

- ▶ ISO-11898スタンダード 物理レイヤ準拠
- ▶ ビットレート 1Mbps対応
- ▶ 高周波輻射減少のためのスロープ・コントロール機能あり
- ▶ パワー・オン・リセット，ブラウン・アウト・リセット機能あり
- ▶ 最大112個までのノードが接続可能
- ▶ ショート保護回路内蔵
- ▶ 自動サーマル・プロテクション（熱保護）によるシャットダウン機能あり
- ▶ 差動バス駆動により高ノイズ耐性
- ▶ 動作保証温度 − 40℃〜+85℃（産業用）

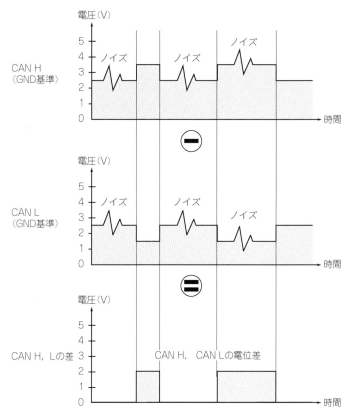

**図2-10 同相ノイズが打ち消される原理**
差動信号の同相ノイズが打ち消される原理を示したの模式図.

▶動作電圧 4.5〜5.5V

## ■ スロープ・コントロール

　このデバイスにはスロープ・コントロールという機能があります．これは，信号の立ち上がり，立ち下がりの過渡時間を調整する機能です．急激に信号のレベルが切り替わると，高調波のノイズ(いわゆる「ひげ」や「ハザード」と呼ばれるもの)が発生して通信エラーの原因になります．

　そこで，立ち上がりまたは立ち下がりの波形(スロープ)を緩やかにすることにより，高調波ノイズを軽減させることができます．スロープ・コントロールは，このスロープの傾きをコントロールする機能です．Rs端子とGNDに接続する抵抗器の抵抗値で調整できます．

## ■ $V_{Ref}$ ピンの使い方

　このデバイスには$V_{Ref}$というピンがあります．CANバス・ラインには直接関係のないものですが，このピンには$V_{DD}/2[\mathrm{V}]$の電圧が出力されています．

　この電圧はCAN H，CAN L両信号のリファレンス電圧です．オシロスコープで波形を測定する際は，このピンをプローブのGNDに接続し，CAN H，CAN L両信号をそれぞれ測定すると，$V_{Ref}$を

0Vとした±約1Vの信号としてCANラインの信号を見ることができます(実際は$V_{DD}/2$[V]のオフセットがかかっている).

## ■ 差動ドライブの利点

RS-422などにも利用されている差動(ディファレンシャル)式の信号の伝達方式ですが,二つの信号線の電圧差を信号として捉えるため,バス上で拾うコモン・モード(同相)ノイズに強いという特性があります.同相のノイズは,二つの信号に同じ大きさで加わるため,二つの信号の差を求めると,ノイズ成分は相殺されてなくなるという仕組みです.**図2-10**で,同相ノイズが打ち消される仕組みを簡単に説明しています.

## ■ CANバスのデッドロック防止機能

このデバイスは,コントローラ側の何らかの不具合により,TX信号が"L"レベルに固定されても,CANバスがドミナントに固定されるのを防ぐ機能があります.これは,ほかのノードが通信ができなくなるのを防止するためです.

実験時などに手動でTX信号を"L"レベルに切り替えても,ドミナント状態を継続させることはできませんので注意してください.オシレータなどを使って一定以上の周波数のパルスを加える必要があります.

**[第3章]**

実際にノード間で通信を行う

# CANノード（ハードウェア）の製作

　本章では，MCP2515を使ったCANノードを製作します．通信の確認には，CAN対応のマイコン・セットが最低2台必要ですが，できれば3台以上あったほうがいろいろ実験ができます．

　制御ソフトウェアに関しては，第4章以降で説明します．

## 3-1　製作する機器

　本書では，CANノードとして使用できるマイコン・ボードを2種類と，PIC以外のマイコンにも接続できるSPI-CANブリッジ，SPI-CANブリッジと組み合わせて使用するマイコン制御のリレー・ボードの4種類を製作します．この章以降のアプリケーションでは，これらのボードを組み合わせて使用します．"#219"などの番号は，筆者が製作したプリント基板の通し番号です．

　次に各機器の概要を説明します．

### ■ PIC CANコントローラ（#219）

　CAN対応のPICマイコン・ボードです．温度センサが接続できるため温度測定が可能です．また，リレーも1回路用意してあります．

　通信確認のCANノードとして使用するほか，応用編のCANバス・モニタやシリアル-CANブリッジなどに使用します．

### ■ CAN制御LCDボード（#221）

　CAN制御のLCD（液晶表示器）コントローラです．ほかのノードからのコマンドでLCDへ文字を表示させます．

### ■ SPI-CANブリッジ（#217, #220）

　CANコントローラとCANトランシーバのみを搭載したもので，SPIでCANコントローラを操作します．PIC CANコントローラのCAN関係の回路を抜き出したものとほぼ同じです．AVRなどほかのCPUにも接続可能で，簡単にCANノードが製作できます．

　回路はほぼ同じで，ブレッドボードに実装できる小型のもの（#220）とケースなどにネジ留めできるちょっと大きめのもの（#217）の2種類を製作していますが，配線方法（ブレッドボードを使うか，ナイロン・コネクタで接続するか）を変更すれば，どちらでも同じようにして使用できます．

### ■ リレー・ボード（#222）

　PICで4系統のリレーを制御するボードです．本書ではSPI-CANブリッジと接続し，CANコント

**写真3-1　PIC CANコントローラ(#219)**
ホスト・マイコンにPICに16F886を使用したCANノードの1号機．この写真は試作時のもので，一部のナイロン・コネクタなど使用しない部品も実装されている．

ローラのホストとしてプログラミングして，CAN制御のリレー・ボードとして利用します．

# 3-2　PIC CANコントローラ(#219)

## ● 概要

　28ピンのPIC(16F886など)にCANコントローラのMCP2515とCANトランシーバのMCP2551を搭載したマイコン・ボードです．**写真3-1**に専用基板で製作したボード本体の外観を示します．

　CAN端子は，2Pの端子台またはナイロン・コネクタが二つ用意してあり(どちらか一方だけ実装可能)，端子台を使う場合はバラ線のケーブルが直接接続できます．CAN端子が二つあるのは，**図1-2(b)**のように，ノードをチェイン接続させるためです．ターミネータも内蔵しており，ジャンパで接続，切り離しの切り替えが可能です．

　文字を表示するようなものは何も付いていませんが，TTLレベルの非同期シリアル信号がコネクタから取り出せるため，外部にRS-232Cのレベル・コンバータやUSB変換アダプタを接続することで，PCとシリアル接続できます．

　また，CAN制御のリモート機器の製作を意図して設計したので，リレー1個とアナログ信号の入力コネクタ，A-D変換のリファレンス電圧発生用のシャント・レギュレータが実装可能です．応用編では，アナログ入力に温度センサのLM60を接続して温度を測定します．

## ● 使用する部品

　コントローラにマイクロチップ社のPIC16F886を使用しています．16F876(A)やプログラム容量が半分の16F873(A)も使用できますが，コンフィギュレーション・ビットやアナログ関係の設定が

異なるので，変更する際は，プログラムの修正が必要です．16F886のほうが新しいデバイスで高性能になっていますが，安価に入手できるため，こちらをメインに使うことにします．

CANコントローラにはPICと同じメーカのMCP2515，CANトランシーバにはMCP2551を使用しています．どちらのデバイスもDIPタイプのものです．

応用例で温度をリモートで測定するため，アナログ温度センサが接続できるようになっています．温度センサにはナショナル セミコンダクター製のLM60を直接またはシールド線を使って接続できます．この温度センサは，アナログ出力信号のインピーダンスが低く，ドライブ能力が高くて使いやすくなっています．また，単電源で氷点下温度も測定できます．

温度センサを使用する場合は，リファレンス電圧を生成するためにシャント・レギュレータTL431が実装できます．

その他，リレーにはオムロン製のG5N-1A5VDCを使用しています．このリレーは小型で40mA程度でドライブでき，大きさの割に，接点容量がAC 3A(抵抗負荷)と比較的大きいため実用的です．

発振子は，CANコントローラからのクロック出力をPICのクロックとして使うことで，一つで済ませることもできますが，開発，試作時のトラブル対策と，個別に組み立てることも考慮して，PICとCANコントローラそれぞれに実装しています．今回の製作例のように，CANのボーレートが低い場合にはレゾネータ(セラミック発振子)が使用できますが，ボーレートが高くなると，クリスタルを使う必要があります．クリスタルまたは容量負荷を内蔵していないレゾネータを使用する場合は容量負荷用コンデンサ(15～22pF)を取り付ける必要があります．

CANラインの配線に2芯の平行コードなどのバラ線がそのまま接続できるように，端子台を使っていますが，端子台の代わりにナイロン・コネクタも実装できるため，用途に応じて組み替えられます．ケーブルには，インターフォンなどで使われるビニール・コードなどが使えるでしょう．

PICにプログラムを書き込むためのICSP用のコネクタ(シングルラインの6Pのピン・ヘッダ)が実装できますが，部品に囲まれて，クリアランスがないため，PICkit2などを使う場合は延長アダプタなどを用意してください．PIC-KEYはそのまま接続できます．

## ● PIC CANコントローラの回路

図3-1に回路図を，図3-2に専用プリント基板での部品の実装レイアウト図を示します．

PICのSPI信号にMCP2515を接続して，リレーやシャント・レギュレータをPIC周辺に取り付けただけの比較的簡単なものです．CAN端子は二つ用意してあります．SPI信号は，今回はソフトウェアでSPI通信を実現しているため，任意のI/Oポートが使えますが，将来的にMSSP(PIC内蔵の$I^2C$/SPI制御モジュール)を使うことを考慮して，MSSPのSPIに対応したポートに結線にしてあります．MSSPを使わない場合は，汎用の入出力ポートとして制御します．

シャント・レギュレータは出力電圧を半固定抵抗器または，多回転ポテンショメータで分圧して，1.2V前後のリファレンス電圧が生成できるようにしてあります．温度センサにナショナル セミコンダクター製のLM60を使用する場合，リファレンス電圧を1.205Vに設定すると，PICのA-Dコンバータの10ビットのフルレンジ(A-D値1023)で125℃となります．

2系統あるCAN端子は内部で並列に接続され，ターミネータ(終端抵抗器)が接続されています．この抵抗器はジャンパにより切り離し可能ですので，本機が終端でない場合は，ジャンパJP1をオー

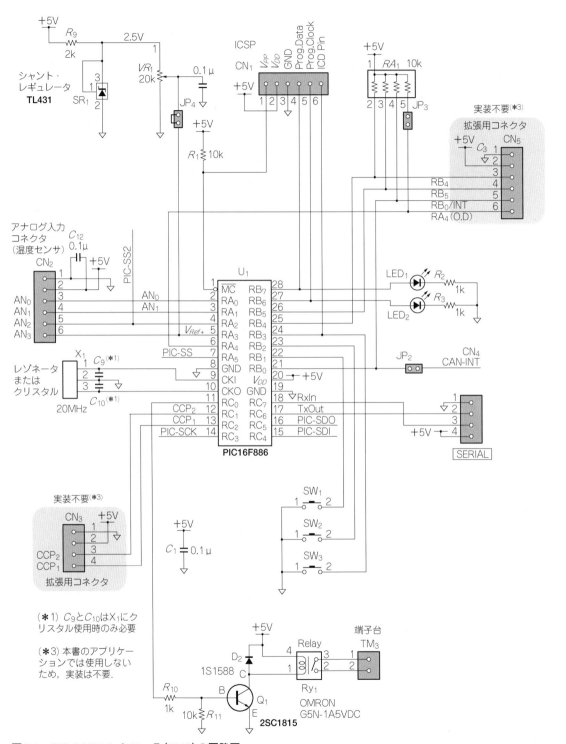

**図3-1　PIC CANコントローラ(#219)の回路図**

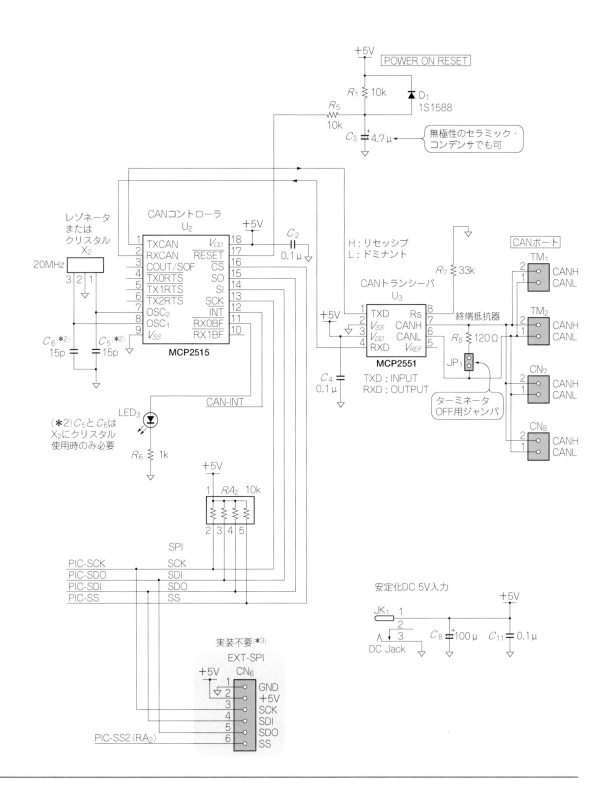

POWER ON RESET

$R_1$ 10k

$D_1$
1S1588

$R_5$
10k

$C_3$ 4.7 μ

無極性のセラミック・
コンデンサでも可

レゾネータ
または
クリスタル
$X_2$

CANコントローラ
$U_2$

20MHz

3 2 1

| | TXCAN | $V_{DD}$ | 18 |
| 1 | RXCAN | RESET | 17 |
| 2 | COUT/SOF | CS | 16 |
| 3 | TX0RTS | SO | 15 |
| 4 | TX1RTS | SI | 14 |
| 5 | TX2RTS | SCK | 13 |
| 6 | OSC2 | INT | 12 |
| 7 | OSC1 | RX0BF | 11 |
| 8 | $V_{SS}$ | RX1BF | 10 |
| 9 | | | |

MCP2515

+5V

$C_2$
0.1 μ

H：リセッシブ
L：ドミナント

$R_7$ 33k

CANトランシーバ
$U_3$

+5V

| 1 | TXD | Rs | 8 |
| 2 | $V_{SS}$ | CANH | 7 |
| 3 | $V_{DD}$ | CANL | 6 |
| 4 | RXD | $V_{REF}$ | 5 |

MCP2551

終端抵抗器

$R_8$ 120 Ω

JP$_1$

ターミネータ
OFF用ジャンパ

CANポート

TM$_1$

2 CANH
1 CANL

TM$_2$

2 CANH
1 CANL

CN$_7$

2 CANH
1 CANL

CN$_8$

2 CANH
1 CANL

$C_4$
0.1 μ

TXD：INPUT
RXD：OUTPUT

$C_6$(*2)
15p

$C_5$(*2)
15p

(*2) $C_5$と$C_6$は
$X_2$にクリスタル
使用時のみ必要

LED$_3$

CAN-INT

$R_6$ 1k

+5V

| 1 | $RA_2$ 10k |
| 2 3 4 5 | |

SPI

PIC-SCK — SCK
PIC-SDO — SDI
PIC-SDI — SDO
PIC-SS — SS

安定化DC 5V入力

+5V

JK$_1$ 1

2

3

$C_8$ 100 μ    $C_{11}$ 0.1 μ

DC Jack

実装不要(*3)

EXT-SPI
+5V    CN$_6$

| 1 | GND |
| 2 | +5V |
| 3 | SCK |
| 4 | SDI |
| 5 | SDO |
| 6 | SS |

PIC-SS2 (RA$_2$)

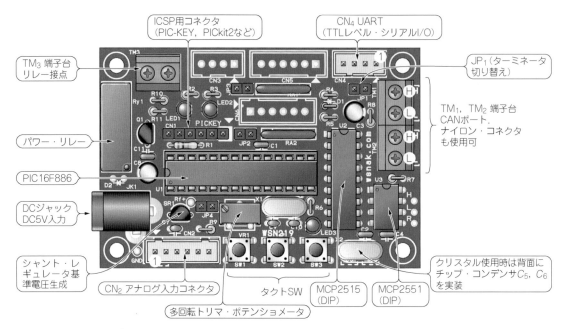

**図3-2 PIC-CAN・ボードのレイアウト図**
PIC-CAN マイコン・ボード専用基板の部品実装レイアウト図を示す.
電源は DC ジャックから安定化された DC5V を供給する.


プンにしてターミネータを切り離します.

　非同期シリアル(UART)信号はコネクタ CN4 から取り出せます. ここに RS-232C レベル・コンバータ回路や USB 変換回路を接続することで, PC などと非同期シリアルで通信させることができます.

　その他, PIC の I/O ポートで制御できる LED が二つとスイッチが三つ付いています. また MPC2515 の汎用出力信号には SPI 通信の確認などに使えるように LED が一つ取り付けられています.

　パワー・オン・リセット回路に抵抗とコンデンサを使った遅延回路を使っていますが, 最近は4.7 μF や 10 μF といった大容量, 無極性のセラミック・コンデンサが入手可能ですので, 電解コンデンサの代わりにそれらを使ってもかまいません. 回路図ではコンデンサは 4.7 μF, 抵抗器は 10kΩ になっていますが, 極端な値でなければ, 適当なものでかまいません. ただし, $C$, $R$ の積(時定数)が極端に大きくなるとリセットが解除されるまでの時間が長くなり, 初期化処理にリセット解除が間に合わなくなって初期化に失敗することがあるので注意してください.

## ● 製作

　IC 類は DIP タイプを使用しているので, ユニバーサル基板やブレッドボードでも製作できるでしょう. とくに注意する点はありませんので, 回路図のとおりに配線すれば問題ないと思います. 専用プリント基板で製作する場合は, 部品間隔が狭いため, 背の低い部品から順番に取り付けます. 同

（a）CAN制御LCDボード（#221）
CANで通信可能なLCD（液晶表示器）制御ボード．応用編では，温度を表示するのに使用している．

（b）CAN制御LCDボード（#221）のLCDなし
LCDを外したときの写真．LCDの下にPIC16F886とCANトランシーバがある．CAN関係のデバイスは省スペース化のためにSOパッケージのICを使用している．

**写真3-2　CAN制御LCDボード（＃221）**

じような高さのものをまとめて実装するのがコツです．抵抗器は同じ抵抗値のものごとに実装すれば間違いが減ります．

リレーなど背が高い部品は一番最後に取り付けます．

発振子にクリスタルを使用する場合は，容量負荷のコンデンサの実装を忘れないようにしてください．$X_2$用のコンデンサは実装面積の関係で，チップ・コンデンサを使用する必要があります（パッドに通常のコンデンサのリードをはんだ付けしても可）．3本足のレゾネータを使用する場合は，容量負荷コンデンサが内蔵されているため，外部にコンデンサを付ける必要はありません（付けてはいけない）．

## ● 動作確認

プログラムを書き込んで，電源を入れると，$LED_1$〜$LED_2$がいったん点灯して，約0.5秒後に消灯します．そのあと，$LED_3$（MCP2515の汎用出力に接続）が点灯すれば，PICからMCP2515へのSPI通信が正常に動作しているところまでが確認できます．

プログラムについては第4章で説明します．

# 3-3　CAN制御LCDボード（#221）

## ● 概要

CANコントローラにLCDを組み合わせたボードです．**写真3-2**に専用基板で製作したボード本体の外観を示します．

本来は$I^2C$，SPIで制御可能なLCDボードとして設計し始めましたが，CANコントローラを取り付けることで，CANノードとしても製作できるようにしました．このボードの基本部分は前述のPIC CANコントローラとほぼ同じですが，リレーなどの代わりにLCDを搭載しています．専用基板では

実装面積の関係で，MCP2515とMCP2551はSOIC(1.27mmピッチのフラット・パッケージ)タイプのデバイスを使用しています．また，CANラインはナイロン・コネクタだけになっています．

本書では，ほかのノードからの指示でLCDへ文字を表示させるという機能を想定しています．

## ● 使用する部品

コントローラに前述の「PIC CANコントローラ(#219)」と同じくはPIC16F886を使用しています．CANコントローラにはMCP2515，CANトランシーバにはMCP2551を使用していますが，基板を小型化するためにSOICパッケージを使用しています．ユニバーサル基板などで製作する場合は，DIPタイプを使ってください．ピン配列や中身は変わりません．

LCD(液晶表示器)にはSUNLIKE社 SD1602HULBを使用しています．このLCDは小型でバックライトが付いていますので，屋内での視認性に優れています．

このLCDの信号端子は16本ありますが，そのうちの$DB_3$〜$DB_0$の4本は使用しないため，14Pシングルのピン・ソケットを4+8に分割して基板との接続に使っています．また，LCDはM4×11mmのスペーサ2本とM4×6のビス4本で基板に固定しています．

信号線を引き出して，LCDを外付けするのであれば，ほかのLCDも使用可能です．

CANコントローラの発振子はボーレートが低い場合にはレゾネータでもかまいませんが，今回は20MHzのクリスタルを使用しています．PICにも別に20MHzのクリスタルを使用しています．どちらも容量負荷として15〜22pFのセラミック・コンデンサが必要です．

## ● CAN制御LCDコントローラの回路

図3-3に専用プリント基板での部品の実装レイアウト図を，図3-4(p.56)に回路図を示します．

PICのSPI信号にMCP2515を接続して，LCDやタクト・スイッチ，LEDなどが取り付けただけのものです．CAN端子は二つ用意してあります．

LCDのバックライトは，ほかのLEDと同じように，出力ポートでON/OFF可能ですが，ジャンパにより，常時OFF，常時ONにも設定可能です．

LCDの制御信号，制御ソフトウェアは，パーツショップで一般的に販売されているほとんどの16桁×2行のものと互換性があります．だだ，電源とGNDの1番と2番のピンが，メーカや機種の違いにより入れ替わっているものがあるので，ほかのLCDを使用する場合は注意してください．

## ● 製作

回路が簡単なので，ユニバーサル基板やブレッドボードでも簡単に製作できます．回路図に従って製作してください．LCDの1番ピンと2番ピンの電源の極性に注意してください．LCDはシングルのピン・ヘッダとピン・ソケットで接続しますが，LCDの$D_3$〜$D_0$の4ピンは使用しません．そのため，4Pと8Pに分離して実装できます．

専用プリント基板で製作する場合は，SOICやチップ部品を初めに取り付けます．

## ● 動作確認

プログラムを書き込んで，電源を入れると，$LED_1$〜$LED_3$がいったん点灯して，約0.5秒後に消灯

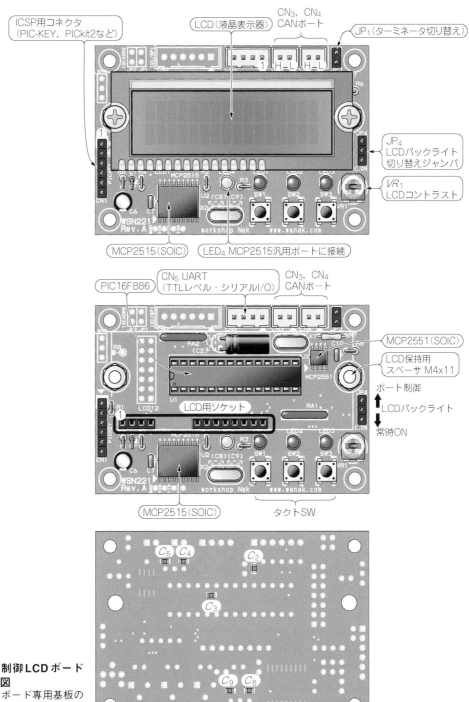

ICSP用コネクタ
(PIC-KEY, PICkit2など)

LCD（液晶表示器）

CN₃, CN₄
CANポート

JP₁（ターミネータ切り替え）

JP₄
LCDバックライト
切り替えジャンパ

VR₁
LCDコントラスト

MCP2515（SOIC）

LED₄ MCP2515汎用ポートに接続

PIC16F886

CN₅ UART
(TTLレベル・シリアルI/O)

CN₃, CN₄
CANポート

MCP2551（SOIC）

LCD保持用
スペーサ M4x11

ポート制御

LCDバックライト

常時ON

LCD用ソケット

MCP2515（SOIC）

タクトSW

基板はんだ付け面のチップ・コンデンサ（2012サイズ）
C₄, C₅, C₈, C₉はクリスタル使用時のみ必要.

**図3-3　CAN制御LCDボード
のレイアウト図**
CAN制御LCDボード専用基板の
部品実装レイアウト図を示す.
電源はCN₄ UARTコネクタなど
から供給する. PICと一部の部品
はLCDの下に実装されている.

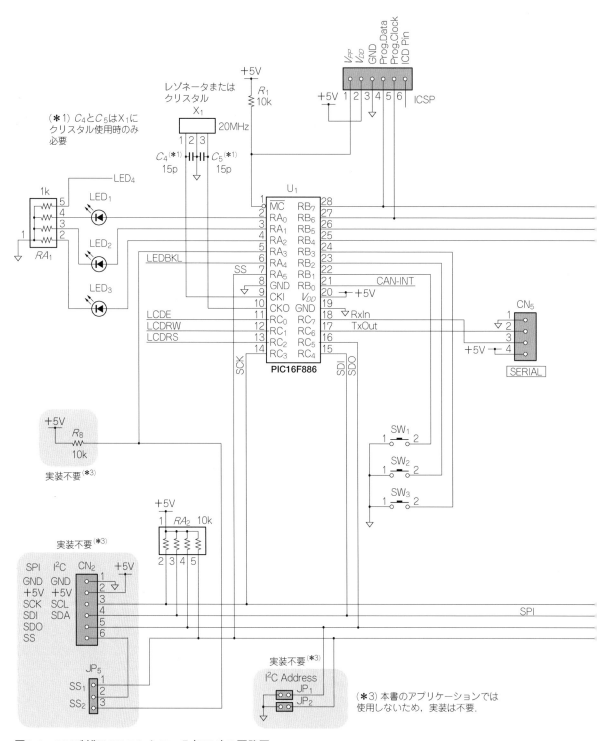

図3-4　CAN制御LCDコントローラ(#221)の回路図

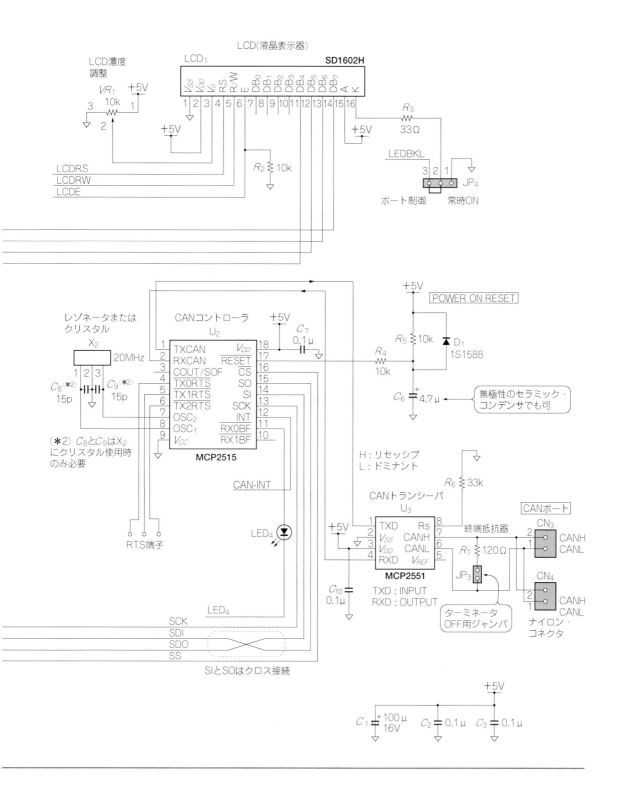

LCD(液晶表示器)

LCD濃度調整

LCD$_1$　SD1602H

$VR_1$　10k

+5V

LCDRS
LCDRW
LCDE

$R_2$　10k

$R_3$　33Ω

+5V

LEDBKL

JP$_4$

ポート制御　　常時ON

レゾネータまたはクリスタル

CANコントローラ
U$_2$

+5V

$C_7$　0.1μ

POWER ON RESET

$R_5$　10k

$D_1$　1S1588

$R_4$　10k

X$_2$　20MHz

$C_8$(*2)　15p　$C_9$(*2)　15p

(*2) $C_8$と$C_9$はX$_2$にクリスタル使用時のみ必要

MCP2515

1　TXCAN　　$V_{DD}$　18
2　RXCAN　　RESET　17
3　COUT/SOF　CS　16
4　TX0RTS　　SO　15
5　TX1RTS　　SI　14
6　TX2RTS　　SCK　13
7　OSC$_2$　　INT　12
8　OSC$_1$　　RX0BF　11
9　$V_{CC}$　　RX1BF　10

$C_6$　4.7μ

無極性のセラミック・コンデンサでも可

CAN-INT

H：リセッシブ
L：ドミナント

$R_6$　33k

CANトランシーバ
U$_3$

CANポート

RTS端子

LED$_4$

+5V

1　TXD　　Rs　8
2　$V_{SS}$　CANH　7
3　$V_{DD}$　CANL　6
4　RXD　　$V_{REF}$　5

MCP2551

終端抵抗器

$R_7$　120Ω

JP$_3$

CN$_3$

2　CANH
1　CANL

CN$_4$

2　CANH
1　CANL

ナイロン・コネクタ

$C_{10}$　0.1μ

TXD：INPUT
RXD：OUTPUT

ターミネータOFF用ジャンパ

SCK
SDI
SDO
SS

LED$_4$

SIとSOはクロス接続

+5V

$C_1$　100μ　16V　　$C_2$　0.1μ　　$C_3$　0.1μ

します. そのあと, LCDのバックライトが点灯し(ジャンパをポート制御に設定してある場合)LED$_4$ (MCP2515の汎用出力に接続)が点灯すれば, PICからMCP2515へのSPI通信が正常に動作しているところまでが確認できます.

プログラムについては第4章で説明します.

---

# 3-4　SPI-CANブリッジ(#217, #220)

## ● 概要

このSPI-CANブリッジ基板(#217, #220)は, 前述のマイコン・ボードのMCP2515とMCP2551だけを切り出し, 外部でマイコンと接続できるようにしたCANコントローラだけのボードです. 写真3-3(a), (b)に専用基板で製作したボード本体の外観を示します.

4本のSPI信号と電源だけで, AVRをはじめH8などのほかのCPUにも接続可能です. このボードは第6章でAVRを使ってCANノードを試作するところで使います. また, 第9章ではリレー・ボードと組み合わせてCAN制御のリレー・ボードにも利用しています.

## ● 使用する部品

これらの基板では, CANコントローラにMCP2515, CANトランシーバにMCP2551を使用しています. #217はマウント用DIPタイプ, #220はブレッドボード用でSOICのフラット・パッケージを使用しています. その他, ナイロン・コネクタや端子台はほかで使っているものと同種のものです.

#220の場合は, ブレッドボードに接続するためには, ピン・ヘッダ(角ピン)またはピン・プラグ(丸ピンの細いもの)を基板の両サイドに実装しますが, 外部ピンではなく, ナイロン・コネクタでホストと接続することもできます.

## ● SPI-CANブリッジの回路

図3-5(pp.60～61), 図3-6(pp.62～63)に回路図を, 図3-7(p.64)に専用プリント基板での部品の実装レイアウト図を示します.

前述の二つのマイコン・ボードからCANコントローラ関係の回路だけを取り出したような回路になっています. SPI接続用のコネクタやロジック・アナライザやオシロスコープで測定が容易なようにテスト・ピンなどが実装できるようになっています.

## ● 製作

回路図に従って製作してください. ブレッドボード用の#220は面実装部品を初めに実装してください. また, 基板両側にピン・ヘッダなどを実装する場合は, 一番最後(内側の部品をすべて実装した後)に実装するようにしてください. 順序を間違えると, 実装できなくなる可能性があります.

## ● 動作確認

このノードを動作させるはSPIマスタとなるホスト・マイコンが必要で, 単独では動作確認できません. 本書では後述のリレー・ボード(またはAVR)と接続する用途を想定しているので, 動作確認

| (a) SPI-CANブリッジ基板(#217) | (b) SPI-CANブリッジ基板(#220) |
|---|---|
| SPI制御のCANコントローラ基板. 4本のSPI信号でPICやAVR, その他, 各種マイコンと接続可能. | SPI制御のCANコントローラの小型タイプ. 800mil 28ピンのDIP形状でブレッドボードに実装可能. ナイロン・コネクタでホストと接続も可能. |

**写真3-3 SPI-CANブリッジ基板** ─────────────

はリレー・ボードと併用で行います.

# 3-5 リレー・ボード(#222)

## ● 概要

PICで四つのリレーを制御するボードです. **写真3-4**(p.65)に専用基板で製作したボード本体の外観を示します.

このボードは本来, I²CまたはSPIスレーブとして設計したものですが, このボードをSPIマスタとして働かせ, 先述のSPI-CANブリッジを接続してCAN制御のリレー・ノードとして製作します.

## ● 使用する部品

コントローラにはPIC16F88を使用しています. リレーはPIC CANコントローラと同じく, オムロンのG5NB-1A5VDCを最大四つ使います. 専用プリント基板では実装面積の関係で, 東芝のTD62003という7素子のトランジスタ・アレイを使っています. このデバイスには, ベース電流の制限抵抗や逆起電力保護用のダイオードが内蔵されているため, 個別にトランジスタで製作するよりも小型, 省配線にできます.

## ● リレー・ボードの回路

**図3-8**(p.66)に回路図を, **図3-9**(p.67)に専用プリント基板での部品の実装レイアウト図を示します.

出力ポートにトランジスタ・アレイを通して四つのリレーが接続された単純な回路です. そのほか, リレーがONしているときに点灯するLEDとSPI/I²C/UART用の6PのコネクタがPICに接続されています. SPI/I²C/UARTは16F88では信号端子が共用されている関係で, 内蔵の通信モジュールを

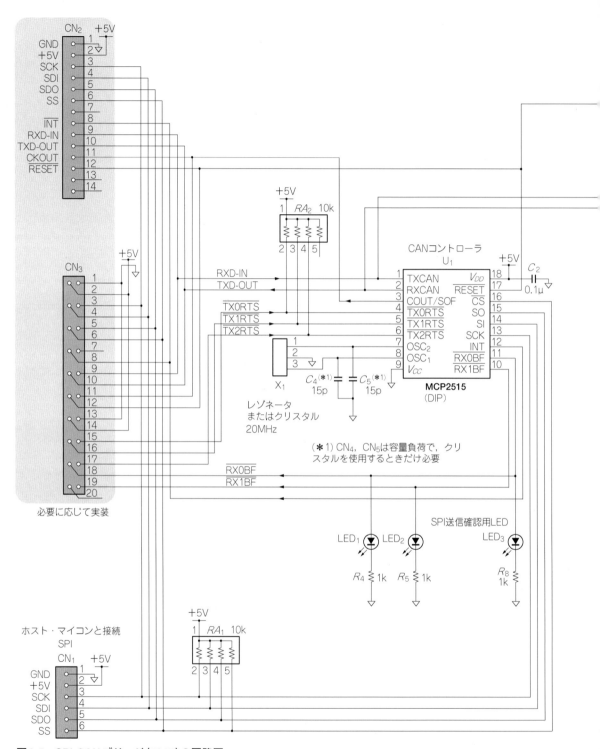

**図3-5　SPI-CANブリッジ(#217)の回路図**

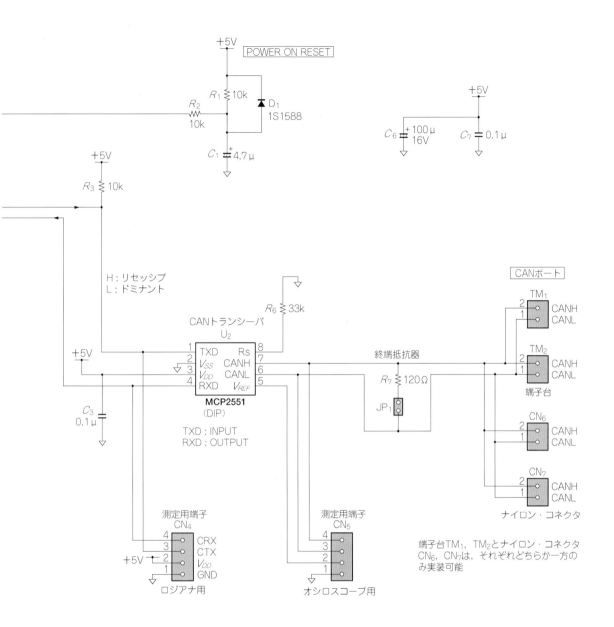

POWER ON RESET

$R_1$ 10k
$R_2$ 10k
D$_1$ 1S1588
$C_1$ 4.7μ

$C_6$ + 100μ 16V
$C_7$ 0.1μ

$R_3$ 10k

H：リセッシブ
L：ドミナント

$R_6$ 33k

CANトランシーバ
U$_2$

| 1 | TXD | Rs | 8 |
| 2 | $V_{SS}$ | CANH | 7 |
| 3 | $V_{DD}$ | CANL | 6 |
| 4 | RXD | $V_{REF}$ | 5 |

MCP2551
（DIP）

TXD：INPUT
RXD：OUTPUT

$C_3$ 0.1μ

終端抵抗器
$R_7$ 120Ω
JP$_1$

CANポート

TM$_1$
2 CANH
1 CANL

TM$_2$
2 CANH
1 CANL
端子台

CN$_6$
2 CANH
1 CANL

CN$_7$
2 CANH
1 CANL

ナイロン・コネクタ

端子台TM$_1$，TM$_2$とナイロン・コネクタ
CN$_6$，CN$_7$は，それぞれどちらか一方の
み実装可能

測定用端子
CN$_4$
4 CRX
3 CTX
2 $V_{DD}$
1 GND
+5V
ロジアナ用

測定用端子
CN$_5$
4
3
2
1
オシロスコープ用

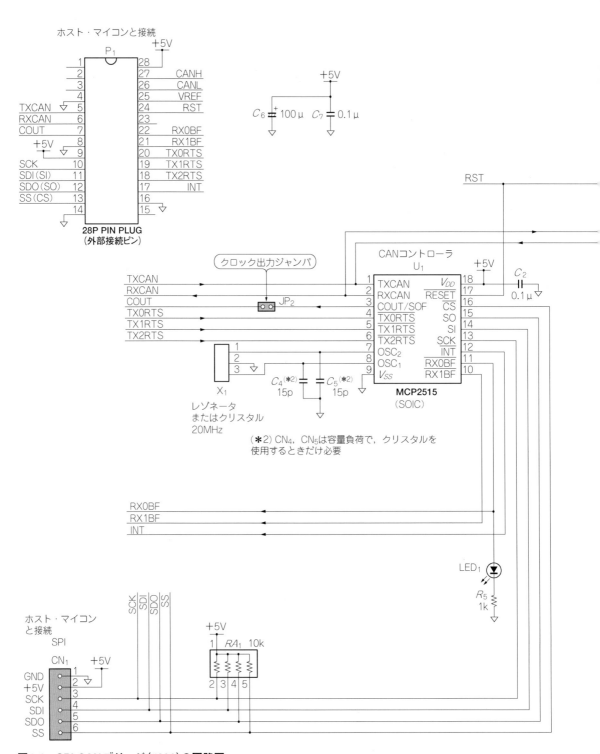

図3-6　**SPI-CAN**ブリッジ（#220）の回路図

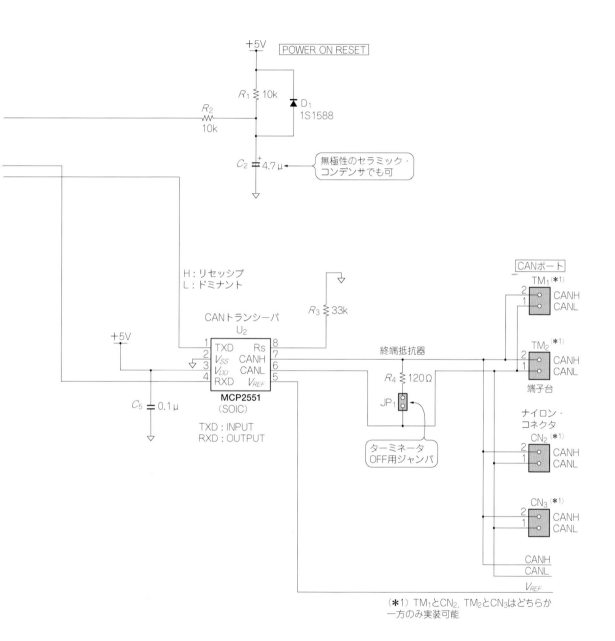

POWER ON RESET

$R_1$ 10k  $D_1$ 1S1588

$R_2$ 10k

$C_2$ 4.7μ

無極性のセラミック・コンデンサでも可

H：リセッシブ
L：ドミナント

CANトランシーバ
$U_2$

+5V

$R_3$ 33k

終端抵抗器

$R_4$ 120Ω

JP$_1$

ターミネータ
OFF用ジャンパ

1 TXD  Rs 8
2 $V_{SS}$  CANH 7
3 $V_{DD}$  CANL 6
4 RXD  $V_{REF}$ 5

MCP2551
(SOIC)

TXD : INPUT
RXD : OUTPUT

$C_5$ 0.1μ

CANポート

TM$_1$(＊1)
2 CANH
1 CANL

TM$_2$(＊1)
2 CANH
1 CANL
端子台

ナイロン・
コネクタ
CN$_2$(＊1)
2 CANH
1 CANL

CN$_3$(＊1)
2 CANH
1 CANL

CANH
CANL
$V_{REF}$

（＊1）TM$_1$とCN$_2$，TM$_2$とCN$_3$はどちらか
　　　一方のみ実装可能

（1）SPI-CANブリッジ（#217）マウント・タイプ

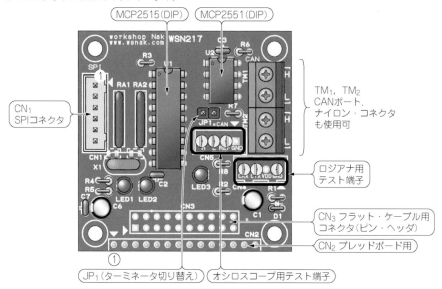

MCP2515（DIP）　MCP2551（DIP）

CN1
SPIコネクタ

TM1, TM2
CANポート.
ナイロン・コネクタ
も使用可

ロジアナ用
テスト端子

CN3 フラット・ケーブル用
コネクタ（ピン・ヘッダ）

CN2 ブレッドボード用

JP1（ターミネータ切り替え）　オシロスコープ用テスト端子

（2）SPI-CANブリッジ（#220）ブレッドボード用小型タイプ

JP1（ターミネータ切り替え）　MCP2515（SOIC）　クリスタル

CN2, CN3
CANポート
（端子台も使用可）

CN1
SPIコネクタ

MCP2551（SOIC）　ブレッドボード用外部ピン（28ピン800mil）

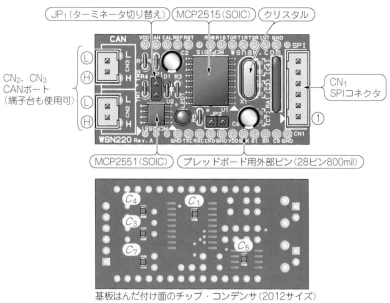

基板はんだ付け面のチップ・コンデンサ（2012サイズ）
$C_3$, $C_4$はクリスタル使用時のみ必要.

## 図3-7　SPI-CANブリッジのレイアウト図
CANブリッジ専用基板2種の部品実装レイアウト図を示す.
電源はSPIコネクタまたは外部ピンから供給する.

**写真3-4　リレー・ボード（#222）**
PIC16F88でリレーを制御するボード（この写真ではPICは実装されていない）．応用編ではこのボードをSPIマスタとして動作させ，SPI-CANブリッジと組み合わせてリレー制御ノードを製作している．

## Column…3-1　シリアル - RS-232C - USB変換

　PCとCANノードを接続する際は，PIC側のTTLレベルの非同期シリアル（UART）信号をRS-232CレベルまたはUSBインターフェースに変換するボードを使用する必要があります．

　変換ボードは完成品も市販されています．写真3-Aの左側は筆者が製作した変換アダプタ基板（#121C），同写真の右側は秋月電子製AE-UM232Rです．どちらもUSB変換にはFTDI社のFT232RLを使用しています．第10章で使用するArduinoでもUSBタイプのボードには，このデバイスが使用されています．

　このデバイスをPCから仮想シリアル・ポート（COMx）として扱うためには，FTDI社から無償で提供されているVCP（仮想COMポート）ドライバをインストールしておく必要があります．インストールについては第10章のArduinoの使用法で簡単に説明していますので，そちらを参照してください．

　なお，このデバイスをUSBから切り離す（または電源をOFFにする）とVCPドライバはアンロードされ，再び接続する（または電源をONにする）とドライバがリロードされます．

**写真3-A　シリアル-USB変換ボード**
TTLレベルのUART信号をUSBに変換するボードの例．左から筆者製作の#121C，秋月電子製AE-UM232R．どちらもFTDI社のFT232RLを使用している．

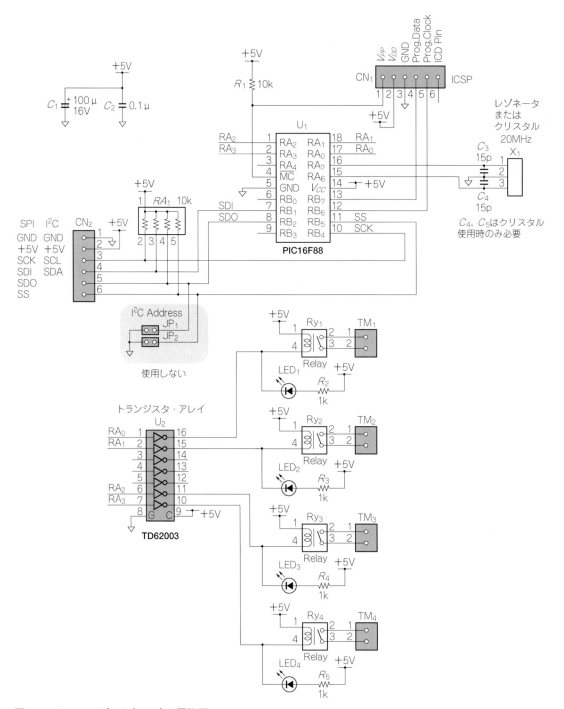

**図3-8 リレー・ボード(#222)の回路図**

リレー・ノードのホストとなるリレー・ボードの回路図を示す.
ユニバーサル基板などで作る場合は,トランジスタ・アレイの代わりに2SC1815などを使ったドライブ回路にしてもよい.

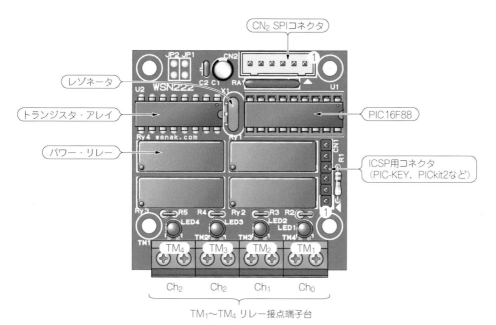

**図3-9　リレー・ボードのレイアウト図**
リレー・ボード基板の部品レイアウト図を示す.
このボードをSPIマスタとして動作させ, SPI-CANブリッジを制御する.

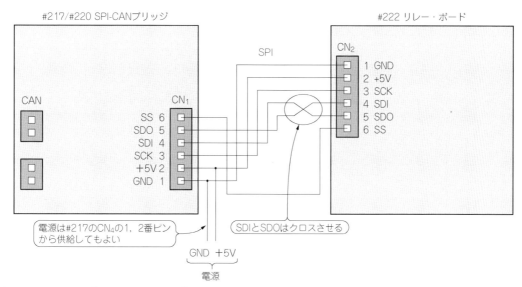

**図3-10　リレー・ボードとSPI-CANブリッジの接続**
SPI-CANブリッジ#217(#220も同様)とリレー・ボードの結線方法を示す. SDIとSDOはクロスさせること.

使う場合は，同時に使うことができません．電源はこのコネクタから供給します．

## ● 製作

　ブレッドボードやユニバーサル基板で製作する場合は，トランジスタ・アレイの代わりに2SC1815などの汎用トランジスタを使うことも可能です．この場合は，ベース抵抗器やコレクタの逆電圧吸収用ダイオードなどが必要です．PIC CANコントローラではトランジスタで製作しているため，リレーのドライブ回路はそちらを参照してください．

## ● CANコントローラとの接続

　このボードのSPIコネクタとSPI-CANコントローラのSPIコネクタをケーブルで接続します．注意点として，SDI(SI)とSDO(SO)はクロス接続にする必要があります．電源はSPIコネクタを二股で分岐させて電源ラインを取り出し，安定化5Vを接続します．

## ● 動作確認

　リレー・ボードのPICにプログラムを書き込み，前述のSPI-CANブリッジ(#217または#220)を図3-10のように接続して電源を入れると，ブリッジ上のMCP2515の汎用出力ポートに接続されているLEDが点灯します．この動作で，リレー・ボードのPICが動作して，SPI通信(送信)が成功し，MCP2515が動作していることが確認できます．

　SPI用の6Pのコネクタでリレー・ボードとブリッジ・ボードを接続している場合は，どちらか一方に電源を供給すれば，同コネクタを通して電源が他方へ供給されます．

　ブリッジ側のLEDが点灯しない場合は，SPIのDI, DO信号がクロスしていない可能性があるため，配線を確認してください．

# Column···3-2　モジュラ・ケーブル・アダプタ（#231）

　CANの信号線として手軽なものがないかと考えて思いついたのが，電話機で使われている6芯（実質2芯または4芯）のモジュラ・ケーブルです．電話機用の4芯ケーブルで，両端にモジュラ・プラグが付いていて，長さ1〜5mのものが100円ショップで販売されていたので，これを利用しようと考えました．

　そのケーブルを利用するために製作したのがモジュラ・ケーブル・アダプタです．4芯ケーブルを使えば電源を供給することもできますが，配線が長くなり，消費電流が多いと接続先ノードで電圧がドロップする恐れがあります．電圧がドロップして使えない場合には，電源はノード側に別に用意する必要があります．

　このアダプタは，ケーブルの両端と各ノード（CANトランシーバ）の間に入れて使用します．モジュラ・ジャックが2口あるため，複数ノードをチェイン接続できます．

　写真3-Bにアダプタの外観を示しますが，モジュラ・ジャックのほかに三端子レギュレータやDCジャックを取り付けて，ほかのアダプタへ電源を供給したり，逆にほかのノードから送電された電力をもらって，それをノードへ供給するという用途にも使用できます．

　回路図は図3-A，レイアウトは図3-Bに示します．

　モジュラ・ケーブルを使用する上で注意が必要なのは，ケーブルの配線がクロスのものとストレートのものがある（そういう風に作れる）ということです．クロス・ケーブルの場合は基板内部でさらにクロスさせてストレートに戻すためのクロス・ジャンパがあります．この場合は，クロス・ジャンパが付いているほうのジャックへクロス・ケーブルを接続し，他方のアダプタはストレート側のジャックに接続します（図3-C参照）．

　もしクロス，ストレートを間違えて接続した場合は，CANノード側の電源に逆電圧がかかり，ノード側の回路を破損する恐れがありますが，逆電圧がかかった場合は，ポリスイッチとダイオードによる保護回路が働き，「ダイオードが電源をショート」→「ポリスイッチがトリップして断線」となってCANノード側の回路を保護します．ポリスイッチは冷却されると再び導通しますが，同様のサイクルでショート，遮断を繰り返します．

　逆電圧がかかっている場合は基板上のLEDが点灯しないので，速やかに電源を切って配線を見直します．

　CANラインは差動信号なので，本来はツイスト・ペア・ケーブルがよいのですが，ビット・レートが低い場合は，ある程度の長さまで問題なく使えると思います．

**写真3-B　モジュラ・ジャック・アダプタ（#221）**
CAN信号を市販の電話線で接続するためのアダプタ基板．ナイロン・コネクタで各ノードのCANトランシーバと接続する．チェイン接続可能．

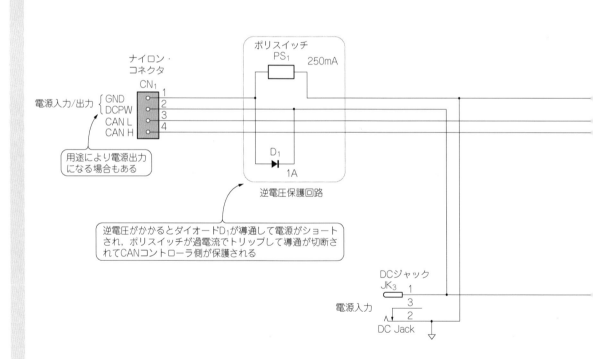

**図3-A　モジュラ・ジャック・アダプタ(#231)の回路図**

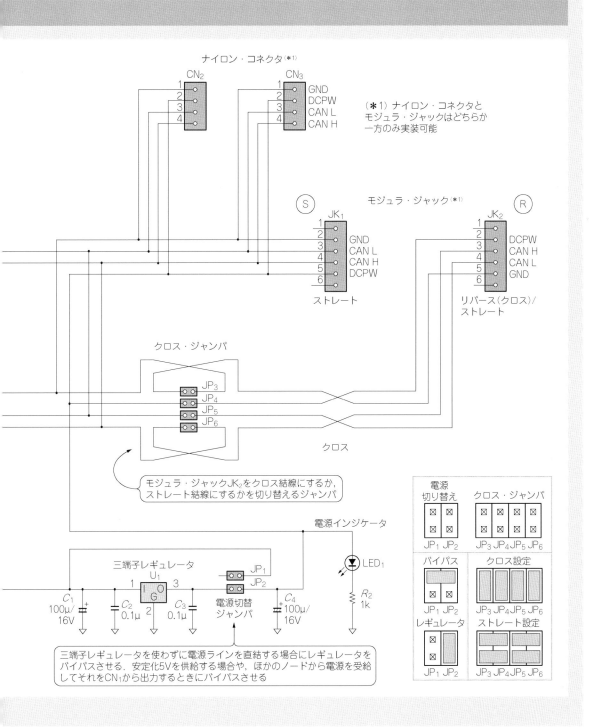

ナイロン・コネクタ(＊1)

CN₂

CN₃
1 GND
2 DCPW
3 CAN L
4 CAN H

(＊1) ナイロン・コネクタと
モジュラ・ジャックはどちらか
一方のみ実装可能

Ⓢ モジュラ・ジャック(＊1) Ⓡ

JK₁
1
2 GND
3 CAN L
4 CAN H
5 DCPW
6

ストレート

JK₂
1
2 DCPW
3 CAN H
4 CAN L
5 GND
6

リバース(クロス)/
ストレート

クロス・ジャンパ

JP₃
JP₄
JP₅
JP₆

クロス

モジュラ・ジャックJK₂をクロス結線にするか,
ストレート結線にするかを切り替えるジャンパ

電源インジケータ

三端子レギュレータ
U₁
I O
G
1 3
2

JP₁
JP₂

電源切替
ジャンパ

LED₁

R₂
1k

C₁
100μ/
16V

C₂
0.1μ

C₃
0.1μ

C₄
100μ/
16V

三端子レギュレータを使わずに電源ラインを直結する場合にレギュレータを
バイパスさせる．安定化5Vを供給する場合や，ほかのノードから電源を受給
してそれをCN₁から出力するときにバイパスさせる

電源
切り替え

クロス・ジャンパ

| ⊠ | ⊠ | ⊠ | ⊠ | ⊠ | ⊠ |
|---|---|---|---|---|---|
| ⊠ | ⊠ | ⊠ | ⊠ | ⊠ | ⊠ |

JP₁ JP₂ JP₃ JP₄ JP₅ JP₆

| バイパス | | クロス設定 |
|---|---|---|

JP₁ JP₂ JP₃ JP₄ JP₅ JP₆

レギュレータ ストレート設定

JP₁ JP₂ JP₃ JP₄ JP₅ JP₆

## Column…3-2　モジュラ・ケーブル・アダプタ（#231）（つづき）

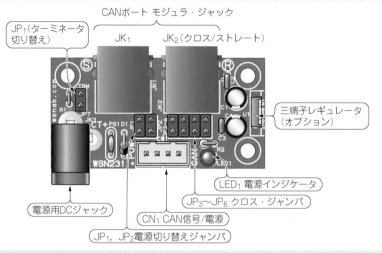

**図3-B　モジュラ・ジャック・アダプタのレイアウト図**

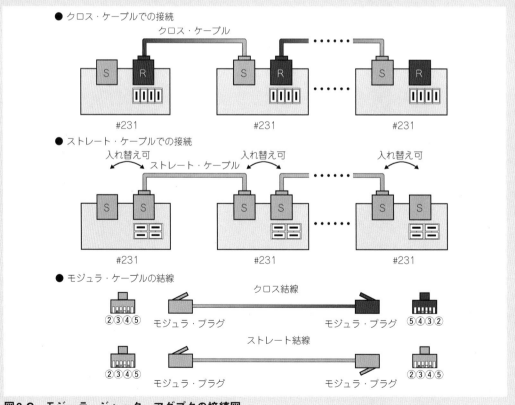

**図3-C　モジュラ・ジャック・アダプタの接続図**

# [第4章]

## MCP2515のレジスタを使いこなす

# CANコントローラの制御プログラム

本章では，実際にCANコントローラMCP2515を制御する関数やマクロを定義して，使用法などを説明します．

## 4-1　はじめに

### ● 二つの課題

初めてPC2515を使うにあたっては，大きく二つの課題があると思います．一つはMCP2515を使うための「レジスタの操作方法」，もう一つはそのレジスタを操作するために用いられる「SPIコマンドの使い方」です．

CANは豊富なエラー検出機能があり，それらを完璧に使いこなすのは大変ですが，まずはエラーに関する処理はあまり気にせずに，とりあえず通信できることを第一の目標として話を進めます．

筆者は，まず初めにSPIコマンドについて調べました．まずは実際にどのようにレジスタ・アドレスを指定して，どうやって値を読み書きするか，また，どのような種類のコマンドがあるか，ということです．これをまとめたのが第2章の**図2-3**(p.29)，**図2-4**(p.31)です．このようにまとめてしまうと，レジスタへのアクセスはそれほど難しくはないということがわかるでしょう．

実際のコードは，基本的には単にSCKクロックでタイミングをとりながらビット・データSI，SOを読み書きするだけなので非常に簡単です．今回はPIC内蔵のMSSPやSSPを使わないでソフトウェアだけで制御しているため，AVRなどほかのCPUのCコンパイラでも移植が容易です．

残る課題はレジスタ操作ですが，これが意外と単純ですので，できてしまえば，拍子抜けする(?)ぐらい簡単でした．ただ，送受信バッファの数が多いので，レジスタ番号などを混乱して間違えないようにすることが肝心です．

今回，レジスタ・アドレスやビット定義などを独自に記述しましたが，記述ミスを見つけるのに3日ほど費やしたものの，それらのミスを除けば，単純なCAN通信はあっけなく実現しました．

CANコントローラのエンジンは，ビット・スタッフィングやCRC計算などいろいろ複雑なことをやってくれているのですが，ハードウェアのおかげで制御ソフトウェアは非常に素直に作成できます．

使い方，動作の確認として，第5章ではいくつかの項目をプロジェクト単位で段階的に動かして，少しずつ変更を加えて機能を拡張して行きます．ソース・ファイルもプロジェクト単位でフォルダを作成してまとめてあります．

## ● たくさんのレジスタ

　MPC2515はたくさんのレジスタをもっていますが，落ち着いてじっくり眺めてみると，14バイト の送信バッファが3本，14バイトの受信バッファが2本，マスクやフィルタのレジスタが合わせて8 本，コンフィギュレーションとステータス，コントロールのレジスタがいくつかという具合に，それ ほど種類が多いわけではありません．

　送受信バッファは一部の内容が異なりますが同じ構成になっています（第2章図2-2参照）．また， マスクやフィルタ関係のレジスタも送受信バッファのID部分と同じような形になっています．レジ スタの命名規則もバッファ名に連番が振られているようなものなので，パターンを覚えてしまえば扱 いも簡単でしょう．

　データシートでは，レジスタの説明は機能ごとに分散して記述されていますが，本書では Appendix-A（pp.178〜181，Appendix-B（pp.182〜183）にまとめてあります．

## ● 関数，マクロ化の方針

　PIC16シリーズはスタック・レベルが8しかないので，関数のネスト（入れ子）をあまり深くするこ とができません．油断するとすぐにスタック・オーバフローになってしまいます．Forest Electronics Development社のPIC用CコンパイラWIZ-Cでアプリケーション・デザイナ（APD）を使って開発し ているときはとくにそうです．ただ，WIZ-CにはPICスタックを使わないでRAM上にスタックを作 るという手段も用意されているので，最悪の場合そちらのオプションを使えば，8を超えるスタッ ク・レベルでも対応できます．ただしオーバヘッドが増えるため，できることなら，そのオプション は使わないにこしたことはありません．PIC18やAVRではこのような心配は不要なのですが…．

　対応策としては，小さな関数を減らして，コードをべた書き（同じ処理でも使うところでそのたび に同じコードを記述する）すれば，スタックの消費は抑えられますが，その分コードが増大します．

　そこで今回は，極力重複コードを避け，スタックをあまり消費しないように機能をある程度まとめ て関数化し，その関数をマクロから呼び出すという方法をとっています．

　たとえば，レジスタ・リードとステータス・リード，受信ステータス・リードの三つのコマンドは インストラクション・コードが違うだけで，処理内容はほぼ同じです．そこで，この三つの機能を一 つの関数で処理させて，インストラクション・コードとレジスタ・アドレスを引数で切り替えるよう な三つのマクロを用意して，一見別々の3種類の関数があるように見せかけます．

　例を挙げると，この共用される関数の実体は次のようなものです（定義部分のみ）．

```
BYTE CANRegRead2B(BYTE inst, BYTE adrs);
```

この関数は以下の三つの関数型マクロにより，3種類の関数と同じように扱えます．

```
//  （1）レジスタ バイト・リード
#define CANReadReg(adrs) CANRegRead2B(SPI_INST_READ, adrs)
//  （2）ステータス・リード
#define CANReadStat() CANRegRead2B(SPI_INST_RD_STAT, 0)
//  （3）受信ステータス・リード
#define CANReadRXStat() CANRegRead2B(SPI_INST_RX_STAT, 0)
```

SPI_INST_xxxというのが，SPIコマンドのインストラクション・コードを定義したリテラル

(定数)です．(2)ステータス・リードと(3)受信ステータス・リードではレジスタ・アドレスは不要なので，マクロの引数にはありません．この場合は関数CANRegRead2B()の引数の '0' はダミーのアドレスです．

このようにマクロと組み合わせることで，SPIコマンドのインストラクション・コードを意識する必要も，使わない引数を指定する必要もなくなります．

送受信バッファやマスク，フィルタ関係のマクロは，引数でバッファ番号などを指定するのではなく，個別にマクロを定義してあります．したがって，変数で，バッファ番号を指定したいような場合は，直接マクロをコールできないため注意してください(コール元でif文やswitch-case文によるマクロの切り替えが必要)．

## 4-2　MCP2515ドライバ関数，マクロのコード

### ● 関数，マクロについて

MCP2515のアクセス用に用意した関数，マクロはAppendix-C(pp.184〜186)に一覧でまとめてあるので，そちらを参照してください．

基本的にはSPIでデータを入出力するだけなので，一部の関数を除いて，個別のコードの説明は省略します．また，SPIコマンドの転送データのフォーマットは第2章の図2-3，図2-4も参考にしてください．

### ● レジスタの読み出し関数

代表的なものとして，4-1項の例で述べたレジスタの読み出し関数のコードについて説明します．この関数には，SPIの送信と受信の両方のコードが含まれているので，ほかの関数の参考になります．

関数のコードをリスト4-1に示します．なおこの関数は前述のように，直接呼び出さずにCANReadReg()，CANReadStat()，CANReadRXStat()のいずれかのマクロから呼び出されます．引数のinstは，マクロにより固定値が設定されます．

CAN_SPI_CSはSPIの$\overline{CS}$信号を "H" または "L" レベルに設定するマクロで，'0' を設定すると$\overline{CS}$信号を "L" レベルにできます．同様に，CAN_SPI_SCKは，SCK信号を切り替えるマクロです．CAN_SPI_SIはSPIのデータ入力ポート(SI)，CAN_SPI_SOはSPIのデータ出力ポート(SO) で，それぞれの信号の状態をリード/ライトできます．

この関数で送信されるコマンドは，データを2回(2バイト)出力した後に1回(1バイト)入力します．

出力の際は，1バイトのデータを上位から1ビットずつ順に取り出してCAN_SPI_SOポートに設定し，CAN_SPI_SCKでクロック・パルスを出力してそれを8回繰り返します．入力の際は，CAN_SPI_SIポートの状態を読み出してCAN_SPI_SCKでクロック・パルスを出力し，それを8回繰り返して，8ビットのデータに合成します．

SPI通信の間は，CAN_SPI_CSで$\overline{CS}$信号を "L" レベルに設定しておく必要があります．

なお，SPI通信では本来，送信と受信が同時に行われますが，MCP2515のアクセスではどちらか一方の通信だけが有効なので，使わないほうの通信は無視してかまいません．

図4-1は，ビット・モデファイ・コマンドを実行した際の出力波形の例です．この図はWIZ-C付属

**リスト4-1　レジスタ読み出し処理**

```
BYTE CANRegRead2B(BYTE inst, BYTE adrs) {
     BYTE cmdbf[2], cmd;
     BYTE p, i, dat;

     cmdbf[0] = inst;       // インストラクション
     cmdbf[1] = adrs;

     CAN_SPI_CS = 0;             // CS="L"

     // 2バイト出力 (データ入力は無視)
     for(p = 0; p < 2; p++) {                       ┐
          cmd = cmdbf[p];                           │
          for(i = 0; i < 8; i++) {                  │
               if(cmd & 0x80) {                     │
                    // 1                            │
                    CAN_SPI_SO = 1;                 │
               } else {                             │
                    // 0                            ├ 1バイト分の出力処理
                    CAN_SPI_SO = 0;                 │
               }                                    │
               cmd <<= 1;                           │
               CAN_SPI_SCK = 1;  // SCK パルス出力  │
               CAN_SPI_SCK = 0;                     │
          }                                         │
     }                                              ┘

     // データ入力 (ステータスの場合は、2回目のリピート・データ)
     dat = 0;
     for(i = 0; i < 8; i++) {                       ┐
          dat <<= 1;                                │
          if(CAN_SPI_SI) {                          │
               // 1                                 │
               dat |= 1;                            ├ 1バイト分の入力処理
          }                                         │
          CAN_SPI_SCK = 1;       // SCK パルス出力  │
          CAN_SPI_SCK = 0;                          │
     }                                              ┘

     CAN_SPI_CS = 1;             // CS="H"

     return dat;
}
```

のウェーブ・フォーム・アナライザというアプリケーションで，WIZ-Cのシミュレータでプログラムを実行した際のシミュレーション波形を測定したものです．4バイトのデータを第2章**図2-3**(**d**)のフォーマットで出力していることが確認できます．

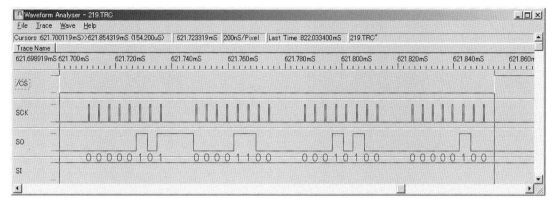

**図4-1　SPIコマンド実行時のSPI信号**
WIZ-CのシミュレータでSPIコマンドのビット・モデファイ・コマンドを実行させた際のウェーブ・フォーム・アナライザの測定波形．SO，SIはPICから見た信号名称で，送信データは順に0x05，0x0C，0x14，0x04となっている．実際の信号を測定したものではないが，ロジアナで実測した場合も同様の波形が観測できる．

# 4-3　ドライバ関数，マクロの使用法

## ● SPI通信確認用LED

　CANの制御を始める前に，第一にCANコントローラとマイコンがSPIで通信ができているか確認したい場合があります．MCP2515のRX0BFピンは汎用の出力ポートとしても利用できます．本書ではここにLEDを接続して，SPIコマンドでこのLEDをON/OFFさせて，SPI送信の確認に使用しています．

　このLEDがON/OFFできれば，少なくともSPI通信の送信が問題なく動作し，コマンドがコントローラに受け付けれられていることが確認できます．

　このLEDを点灯させる場合は，次のようにしてSPIコマンドを送信します．

```
CANBitModCmd(BFPCTRL, (1<<B0BFE) | (1<<B0BFS), (1<<B0BFE) |
             (1<<B0BFS));
// RX0BFピンを "H" レベルに設定
```

また，消灯させる場合は次のようにします．

```
CANBitModCmd(BFPCTRL, (1<<B0BFE) | (1<<B0BFS), 1<<B0BFE);
// RX0BFピンを "L" レベルに設定
```

　いずれも，ビット・モデファイ・コマンドでBFPCTRLレジスタの該当ビットのみを変更しています．

　最初の例では，B0BFEで汎用出力に設定し，B0BFSに '1' を設定することで，ポートを "H" レベルに設定しています．

　2番の例では，B0BFSを指定しないことでそのビットを '0' に設定し，ポートを "L" レベルに設定しています．

**リスト4-2 ビット・フィールドの使用法**

```
struct tag_TXBnCTRL *pctrl;                    // ビット・フィールドのタグ
BYTE ctrl;
  ⋮
pctrl = (struct tag_TXBnCTRL *)&ctrl;          // 実体アドレスをタグに割り当て
  ⋮
```

## ● メッセージ送受信について

　メッセージ送受信の具体的なコードを説明しますが，それに先立って変数の内容やその使用法について説明します．

◆ BYTE MsgBuf[14];

　メッセージを送受信する場合のコントロール・レジスタ(TXBnCTRL, RXBnCTRL)，ID値，データなどの格納バッファ(作業用の配列変数)です．MCP2515の送/受信バッファ(第2章**図2-2**，p.28)と同じ形になっています．

　送信する場合は，このバッファの内容をSPIコマンドでMCP2515内の送信バッファへ転送します．

　逆に受信の場合は，受信したデータをMCP2515の受信バッファからこのバッファへいったん読み出して，それらのデータを利用します．MsgBuf[0]は，コントロール・レジスタが格納されるエリアです．コントロール・レジスタは直接リード/ライトする場合もあるため，MsgBuf[0]は使わないこともあります．

　このバッファを配列ではなく，構造体で作ってもよいのですが，アクセスがかえって煩雑になるので，単純な配列としました．

◆ struct tag_TXBnCTRL *pctrl;

　コントロール・レジスタ(TXBnCTRL, RXBnCTRL)をリード/ライトする際の作業バッファのビット・フィールドのタグです．実体の変数ctrlを定義し，そのアドレスを割り当てて使用します．この部分のコードを抜粋して**リスト4-2**に示します．

　ポインタで定義したタグに変数ctrlのアドレスを&ctrlとして設定していますが，このままでは型が不一致で，コンパイル時に警告がでる場合があるため，型を一致させるために(struct tag_TXBnCTRL *)でキャストをかけています．

　個別のビット・フィールドはpctrl->TXPなどという形でアクセス可能です．8ビットまとめてアクセスしたい場合は，ctrlを直接使います．なお，ビット・フィールドに関しては，章末の**コラム4-1**を参照してください．

　ビット・フィールドを使いたくない場合は，ビットの意味が直接わからなくなりますが，ビット演算を使用してもかまいません(Arduinoノードではビット演算を使用)．

◆ struct tag_TXBnDLC *pdlc;

　送受信バッファのDLCバイトをリード/ライトする際の作業バッファのビット・フィールドのタグです．使用方に関しては，前述のstruct tag_TXBnCTRL *pctrl;を参照してください．

```
// メッセージ (アービトレーション・フィールド) の設定
MsgBuf[1] = (BYTE)(msg >> 3);         // SIDH
MsgBuf[2] = (BYTE)(msg << 5);         // SIDL
MsgBuf[3] = 0;                        // EID8
MsgBuf[4] = 0;                        // EID0

// DLCの設定
dlc = 0;
pdlc->DLC = 1;                        // データ長
pdlc->RTR = 0;                        // データ・フレーム
MsgBuf[5] = dlc;

// データ・フィールドの設定
MsgBuf[6] = dat;                      // TXB0D0送信データ

// TXB0へメッセージ、データをロード
CANTxB0Write(&MsgBuf[1], 1);          // SPIコマンド Msg,Dat(1)

// 送信開始
ctrl = 0;
pctrl->TXP = 0;                       // 送信バッファ優先順位
pctrl->TXREQ = 1;                     // 送信要求
CANWriteReg(TXB0CTRL, ctrl);          // SPIコマンド
```

## ● メッセージ送信

メッセージを送信する際のコードを**リスト4-3**に示します．ここでは，データ・フィールドは1バイトだけ送信するものとします．msgは11ビットのSID(標準フォーマットID値)が格納された16ビットの変数です．datには送信するデータが格納されているものとします．送信バッファは0番(TXB0)を使います．配列やビット・フィールドなどの定義に関しては前項を参照してください．

メッセージの設定では次のマクロを用意しています．

```
#define GET_SIDH(msg) (BYTE)(msg >> 3)
#define GET_SIDL(msg) (BYTE)(msg << 5)
```

このマクロを使えば，メッセージ(SID)の設定部分は次のようにも記述できます．

```
// メッセージの設定
MsgBuf[1] = GET_SIDH(msg);      // SIDH
MsgBuf[2] = GET_SIDL(msg);      // SIDL
```

pdlc->DLCには送信するデータのバイト数を設定します．ここでは1バイト送信するため '1' を設定していますが，データがない場合には '0' を設定します．最大 '8' まで設定できます．

データ・フィールドのデータは，MsgBuf[6]～MsgBuf[13]へ設定します．

MsgBuf[]への設定が終わったら，その内容をMCP2515へ転送します．CANTxB0Write()マクロは，作業バッファの内容をMCP2515の送信バッファ(TXBn)へロードします．

送信バッファへの送信が終わったら，メッセージ送信要求を発行します．コントロール・レジスタのpctrl->TXPへ送信バッファの優先順位(0～3)を設定し，送信要求ビットpctrl->TXREQ

**リスト4-4　メッセージ受信**

```
// これらのコードはメイン・ループの中に記述
// データ受信チェック
if(CANRxCheck(0)) {                    // 受信チェック
    // 受信あり

    // コントロール・レジスタの読み出し
    MsgBuf[0] = CANReadReg(RXB0CTRL);

    // RXB0からメッセージ、データの読み出し
    CANRxB0Read(&MsgBuf[1], 1);
    msg = ((WORD)MsgBuf[1] << 3);      // SIDH
    msg |= (MsgBuf[2] >> 5);           // SIDL

    // 受信メッセージ判定
    switch(msg) {
        case MSG_XXX1:
                        // メッセージ1処理
            break;
        case MSG_XXX2:
                        // メッセージ2処理
            break;
    }
}
```

をセットすると，作業変数ctrlへ設定値が反映されます．その値をCANWriteRegマクロで
TXB0CTRLへ設定します（SPIコマンド実行）．ここでCANバスが使用可能な状態ならば，ただちに
送信が始まります．

　送信要求を発行した後，実際に送信が完了すると，TXB0CTRLレジスタのTXREQビットが自動
的にリセットされるため，送信が完了したことが確認できます．送信に失敗した場合は，TXREQは
リセットされずに，MLOAまたはTXERRビットがセットされます．

　送信完了やエラー発生などのステータスは，CANINTFなどのレジスタやSPIコマンドのリード・
ステータス・コマンドなどでも知ることができます．

## ● メッセージ受信

　メッセージを受信する際のコードを**リスト4-4**に示します．割り込みは使用せずに受信完了のス
テータスをチェックする例です．このルーチンは，メイン・ループの毎サイクルで実行させておく必
要があります．

　CANRxCheck()は，受信があるかどうかをチェックするマクロです．SPIコマンドの「受信ス
テータス・リード」コマンドを実行して，該当するフラグが立っているかを調べます．受信がある場
合はこのマクロの実行結果はTrueになります．

　ここでは使用していませんが，コントロール・レジスタの内容が必要な場合は，
CANReadReg(RXB0CTRL)関数でコントロール・レジスタの内容を読み出します．

CANRxB0Read(&MsgBuf[1], 1)マクロで，メッセージ，DLC，データ(1バイト)を読み出します．データのサイズがわからない場合は，最初にDLCを読み出してデータ数を知る必要がありますが，その場合はメッセージ部分とデータ部分を分けて読み出す必要があります．

簡易的な方法として，データ・サイズに関わらず，データ・バイトの8バイトを一気に読み出してしまえば処理は簡単になります．その場合はバイト長を8にして，CANRxB0Read(&MsgBuf[1], 8)とします．

CANRxB0Read()マクロはSPIコマンドの受信バッファ・リード(READ RX BUFFER)コマンドを実行します．受信が完了すると割り込み要因フラグ(CANINTF.RX*n*IF)がセットされますが，受信バッファ・リード・コマンドを実行すると自動的にこのフラグがリセットされます．

メッセージ部分はMsgBuf[1]とMsgBuf[2]にそれぞれRXB0SIDH，RXB0SIDLレジスタと同じフォーマットで格納されているため，それを11ビットのメッセージに合成してswitch-case文で振り分けます．

この合成処理には次のようなマクロを用意しています．

```
#define MAKE_SID(sid_h, sid_l) ((WORD)sid_h<<3)|(sid_l>>5)
```

このマクロを使えば，次のようにも記述できます．

```
msg = MAKE_SID(MsgBuf[1], MsgBuf[2]);
```

フィルタを設定していない場合は，すべてのメッセージがCANRxCheck()マクロでヒットします．したがって，自分に関係のないメッセージまでリード処理を行い，その結果，不要だったということもあります．フィルタを設定しておくと，MPC2515のCANエンジンがハードウェア的に選別してくれるので，このようなむだが省けます．

## ● 受信時の割り込み使用

受信割り込みを使う場合，割り込みルーチンでソフトウェアのフラグを立てて(変数をTrueに設定するなど)，CANRxCheck()関数の代わりにそのフラグをチェックするようにすれば，ステータス・チェックのオーバヘッドが小さくなります(「受信ステータス・リード」のSPIコマンドの実行が省ける)．

割り込みルーチンの中で受信処理を完結させる方法もありますが，特別な場合を除き，割り込み処理では処理を軽くするためにフラグを立てるだけにしておき，メイン・ルーチン(非割り込み処理)で実処理を行うほうがよいでしょう．このようにすると，メイン・ループごとのレジスタ・チェック処理(SPIコマンド使用)のオーバヘッドがなくなります．

## Column…4-1　ビット・フィールドのアドレス設定

　レジスタを操作する場合，ビット・フィールドを使うと便利なことがあります．とくに，一つのフィールドが複数ビットの場合は，ビット演算で処理すると煩雑になりますが，ビット・フィールドを用いると，普通の変数のように扱うことができ，コードが簡潔になります．

　このビット・フィールドの定義方法などが，WinAVR（AVR用Cコンパイラ）とWIZ-C，CCS-C（Custom Computer Services社）で異なる場合があるので，それについて説明します．

　たとえば，次のような構造のビット・フィールドのタグがあるとします．

```
struct tag_CANINTE {
    unsigned char RX0IE:1; // b0
    unsigned char RX1IE:1; // b1
    unsigned char TX0IE:1; // b2
    unsigned char TX1IE:1; // b3
    unsigned char TX2IE:1; // b4
    unsigned char ERRIE:1; // b5
    unsigned char WAKIE:1; // b6
    unsigned char MERRE:1; // b7
};
```

　レジスタへ値を設定するために，一時的に8ビットの変数に設定値を入れて，それをレジスタへ設定する場合を考えます．

　設定はビット・フィールドで行い，最終的に1バイトの変数で扱いたいという場合です．レジスタを読み出す場合はこの逆の操作が必要ですが，考え方は同じです．

　WinAVRの場合は，次のようにコーディングします．

```
BYTE inte;
struct tag_CANINTE *p_inte;
            // ビット・フィールド…(1)


p_inte = (struct tag_CANINTE*)
                    &inte;
            // アドレス設定…(2)
// p_inte = &inte;
            // アドレス設定…(3)


inte = 0;   // 全ビットを0クリア…(4)
p_inte->RX1IE = 1;
            // b1をセット…(5)


if(inte == 0x02) {
            // 一致
}
```

　(1)でビット・フィールドはポインタで設定し，(2)または(3)のようにして変数inteのアドレスをそのビット・フィールドの実体領域のアドレスとして設定します．つまり，同一のメモリ領域を8ビットの変数とビット・フィールドで共用するわけです．

　(2)が正式な方法で，ビット・フィールドのタグでキャストをかけています．(3)の方法でも動作しますが，コンパイル時に警告がでます．WindowsのC/C++コンパイラでは型チェックが厳格ですので，(3)のような表記はエラーになります．

（4）はビット・フィールド領域の全ビットを'0'にするために，元変数を'0'に設定しています．

（5）では，実際にビット・フィールドでRX1IE($b_1$)をセットしています．この後，ビット・フィールド領域は8ビットの変数inteとして扱うことができます．->はポインタのポインタで，PICのプログラムではあまり見かけないかもしれませんが，WindowsのC++ではオブジェクトを指定するのに多数（というか，ほとんどがこれ）使われます．

次に，WIZ-C，CCS-Cの場合のコーディング例を示します．

```
struct tag_CANINTE inte;
                // ビット・フィールド…(6)
inte = 0;     // 全ビットを0クリア…(7)
inte.RX1IE = 1;
                // b₁をセット…(8)
if(inte == 0x02) {
                // 一致
}
```

（6）でビット・フィールドの実体の領域を直接定義しています．

（7）でビット・フィールド領域の全ビットを0に設定しています．

（8）では，ビット・フィールドでRX1IE($b_1$)をセットしています．この後，ビット・フィールド領域は8ビットの変数inteとして扱うことができます．

後半のリストを見て，「あれ？」と思った人も多いと思います．筆者もCCS-Cのサンプル・プログラムでこのような表記があったので，こんなことできたかなぁ？と思い，WIZ-Cで確認してみましたが，動作上問題はありませんでした．しかし，WinAVRで同じコードをコンパイルしたところ，やっぱりダメでした．これは，恐らく，ANCI規格から外れていると思います．

CCS-Cは，とくにポインタの扱いが柔軟（というか，曖昧というか）ですので，このような表記が可能なのでしょう．WIZ-Cもこの件に関しては同様です．まあPICではこれでもよいのでしょうが，ほかのコンパイラで問題が起こる可能性が高いので，リスト後半のようなコーディングはなるべく避けたほうがよいでしょう．

なお，WIZ-C，CCS-Cでも前半のWinAVRと同じようにポインタを使う方法も利用できますが，WIZ-Cでは構造体にタグのポインタでキャストをかけるとコンパイル・エラーになるので，（3）のように単に&inteとします．

この表記が面倒なら，ビット・フィールドを使わずに，変数で直接ビット演算したものを使用するしかありません．

それから，ビット・フィールド（構造体や共用体も同様）はCPUの種類やワードのビット幅の違いにより，ビットの並びが逆だったり，アクセスの効率化のため，パディング（ダミーのビット）が自動的に入ってバウンダリ（メモリ領域の境界）が変わることがあるため，たとえば1ビット×8個のフィールドが1バイトに割り当てられるとは限りません．ほかのCPU，とくにWindowsのC/C++コンパイラで使う場合は注意してください．

## Column…4-2 Cコンパイラについて

### ●WIZ-Cについて

筆者はメインにFED社のWIZ-Cを使用しています（原稿執筆時の最新バージョンはVer.16）. このコンパイラはCCS-Cに比べて安価な上, 一つのコンパイラでPIC16だけでなく, PIC18シリーズにも対応しているため, いろいろなPICを使う場合に低コストで導入できます.

このコンパイラの特徴は, アプリケーション・デザイナという, ビジュアルな開発ツールが利用できることです. アイコン操作で, PIC内蔵のハードウェア・モジュールのライブラリをリンクしたり, パラメータをプロパティとして変更することができます. Windowsでいえば, ボーランド社のC++Builderやマイクロソフト社のVisual C++などの開発環境のようなものです. このアプリケーション・デザイナについては, 本書では触れませんが, 詳細は参考文献(2)などを参照してください.

このコンパイラを使用する場合, プログラムは図4-Aのような構造になります. アプリケーション・デザイナを有効にしておいて, 新規にプロジェクトを作成すると, 自動的に二つのファイル"xxx_Main.c"と"xxx_User.c"("xxx"はプロジェクト名称)が生成され, "xxx_User.c"にはUserInitialise()とUserLoop()の二つの「空」の関数が自動的に生成されます.

通常, プログラムはこの二つの関数に処理をコーディングすることで, プログラムを完成させます.

### ●CCS-Cを使う場合

現在, PICで一番よく使用されているCコンパイラはCCS社のCCS-Cだと思われますが, 本書ではこのコンパイラを使用する場合でも, 前述のWIZ-Cのプログラム構造に合わせることで, コードの互換性を高めるようにしています.

つまり, CCS-CプログラムでもUser Initialise()とUserLoop()の二つの関数を用意して, main()関数から, 図4-Aのようにコールさせることで, 各関数の内容を共用させるということです. ただし, TIMERやCCPモジュールの初期化などは, それぞれ専用のライブラリ関数が用意されているため, それを利用する場合は, 当然, それに合わせたコードを記述する必要があります.

その場合でも初期化処理を初期化関数にまとめておけば, UserInitialise()の変更のみで済みますので, プログラムのメインテナンス性はよくなります.

CAN関係のコードに関しては直接パラレル・ポートを操作することで, WIZ-C, CCS-Cの区別なくプログラミングできるようにしてあります. また, C18やWinAVRなどほかのコンパイラでも, 初期化処理やI/O関係のマクロの定義のみを変更すれば, 主要なコードは共用できます.

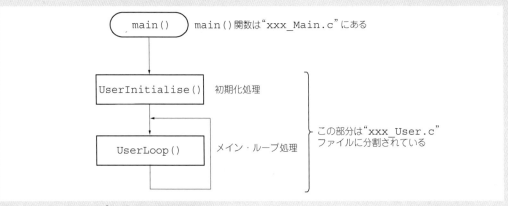

**図4-A  FET WIZ-Cプログラムの基本構造**

CAN ドライバの使用例

# 基本動作の確認

本章では，第4章で説明したCANドライバ関数/マクロの実際の使用法を示し，その動作を実機で確認します．

処理内容は極力単純にして，動作を確認しながら段階的に機能を追加していきます．

後の章で説明する応用編のプログラムは，これらの使用例を組み合わせたものがベースになっています．

なお，AVRのプログラミングでも，ドライバ/マクロの使用法は同じなので，参考にしてください．また，一部を除いて説明の中でソース・コードを抜き出して掲載しているので，コードの詳細はWebのサポート・ページからダウンロードできるソース・ファイルを参照してください．

## 5-1 基本的な送受信の確認…プロジェクト001

### ● 概要

二つのノードを使用して，ノード1からノード2へ単方向にメッセージを送信します．ノード1にはPIC CANコントローラ（#219），ノード2にはCAN制御LCDボード（#221）を使用します．

ノード1から送信するメッセージはノード2上のLEDをON/OFFさせるコマンドです．ノード1は1秒周期でLEDのON/OFFを表す6種類のメッセージを順番にノード2へ送信します．

ノード2では，受信したメッセージの内容に応じてLEDをON/OFFさせ，LCD（液晶表示器）に受信メッセージのSID値とLED番号などを表示させます．

図5-1に実験概要のブロック図を示します．

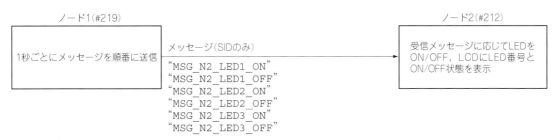

**図5-1 プロジェクト001**
最も簡単な一方通行の通信実験．ノード1からのメッセージに応じてノード2上のLEDをONまたはOFFさせる．

メッセージ・シンボルの "N1" や "N2" といった記号や番号は，あて先のノードを示しています．"N1" がノード1，"N2" がノード2というようになっています．この命名規則は以降のプロジェクトでも同様です．

## ● プログラム・ファイル，フォルダの構成

ノードごとにプロジェクト・フォルダを用意します．フォルダは次のような階層構成になっています．"[ ]" はフォルダを示します．

```
[Prj001]
    [219-N1] ……… ノード1(#219用)プロジェクト・フォルダ
    [221-N2] ……… ノード2(#221用)プロジェクト・フォルダ
    CANMsg.h ……… ノード1，ノード2共通のメッセージ定義ファイル
```

"219-N1" と "221-N2" は，それぞれ，WIZ-C(FED社)またはCCS-C(CCS社)のプロジェクト単位のフォルダです．"CANMsg.h" は両プロジェクトから参照される共用のヘッダ・ファイルで，共用されるメッセージのリテラルが定義されています．

プロジェクト002以降も基本的にはこのような構成になっています．

そのほか，全プログラムで共通で使われる定義やドライバ関数/マクロ，共通関数などのファイルは，"Common" というフォルダにまとめてあります．WIZ-CとCCS-Cで少し構成が異なりますが，次のようになっています．このフォルダは [Prjxxx] と同じ階層にあります．

WIZ-C

```
[Common]
    2515Reg.h ……… MCP2515のレジスタ・アドレスなどの定義
    2515Tag.h ……… MPC2515のレジスタのビット定義
    CAN2515.h ……… CANコントローラのドライバ関数，マクロのヘッダ・ファイル
    WSN219.h ………… #219基板のI/O関係の定義
    WSN221.h ………… #221基板のI/O関係の定義
    WSN222.h ………… #222基板のI/O関係の定義(応用編で使用)
    WSN242.h ………… #242基板のI/O関係の定義(応用編で使用)
    CAN2515.c ……… CANコントローラのドライバ関数本体
    CommFunc.c …… 共通関数(応用編で使用)
    LcdNW.c ………… LCDドライバ(Waitなし；応用編で使用)
```

CCS-C

```
[Common]
    2515Reg.h ……… MCP2515のレジスタ・アドレスなどの定義
```

**リスト5-1 初期化処理(抜粋)**

```
// 16F886のアナログ関係をdisable
ADCON0 = 0;
ADCON1 = 0;          // All digtal
ANSEL  = 0;
ANSELH = 0;          // All digtal
CM1CON0 = 0;
CM2CON0 = 0;
(中略)

// CAN関係 初期化 マスク、フィルタ 不使用
CANInit(CAN_BRP_20MHz_125KBPS);      // CLOCK 20MHz CAN 125kbps

CANSetFilterRxB0(3);                 // RXB0でフィルタ、マスクは使用しない
CANSetFilterRxB1(3);                 // RXB1でフィルタ、マスクは使用しない

CANSetOpMode(CAM_MODE_NORMAL);       // ノーマル・モード
```

```
2515Tag.h ········ MPC2515のレジスタのビット定義
P16F886.h ········ PIC16F886のレジスタ定義
WSN219.h ········ #219基板のI/O関係の定義
WSN221.h ········ #219基板のI/O関係の定義
WSN222.h ········ #222基板のI/O関係の定義(応用編で使用)
WSN242.h ········ #242基板のI/O関係の定義(応用編で使用)
CAN2515.c ········ CANコントローラのドライバ関数本体, マクロ
CommFunc.c ······ 共通関数(応用編で使用)
IntSio.c ········· シリアル通信ドライバ(応用編で使用)
Lcd.c ·············· LCDドライバ
LcdNW.c ··········· LCDドライバ(Waitなし;応用編で使用)
```

WIZ-CではCANドライバ関数のソースを別コンパイルでリンクするのに対して，CCS-C(WinAVR版も同様)は関数の定義ファイル "CAN2515.c" をメイン・ソース・ファイルの先頭でインクルードして連結し，一つのソース・ファイルとしてコンパイルしています．

その他，WIZ-Cは標準のLCDライブラリを利用していますが，CCS-Cでは独自のLCDドライバを使用しています．また，WIZ-Cのソース・ファイルは文字コードがUnicodeなので注意してください．

## ● 初期化処理(全ノード共通)

ホスト・コントローラにPIC16F886を使用しますが，アナログ関係の内蔵モジュールは使わないため，それらを使わないように初期化しておく必要があります．その他，CANコントローラ関係の初期化処理，ノード2ではLCDの初期化などが必要です．

初期化部分の処理のコードを**リスト5-1**に示します．

CANInit()関数で，CANで使用する16F886の汎用ディジタル・ポートのI/O方向を設定し，

CANコントローラのCANビット・レートを125kbpsで初期化します.

　今回はフィルタ,マスクは使用しないため,`CANSetFilterRxBx(3)`マクロで非使用に設定し,最後に`CANSetOpMode(CAM_MODE_NORMAL)`マクロでオペレーション・モードを「ノーマル」に設定します.

## ● ノード1(#219)のメッセージ送信処理

　このプロジェクトでは,ノード1は一定周期でメッセージを送信するだけです.受信処理がないので単純です.

　送信するメッセージは六つあり,1秒間隔でその六つを順番に出力します.

　メイン・ループに組み込む送信処理のコードを**リスト5-2**に示します.

　1秒周期はTIMER1を併用したCCP1をコンペア・モードで使用して100ms周期で割り込みを発生させ,その割り込みを10カウントするたびに,`Flag1Sec`フラグ(変数)をセットして1秒のタイミングを作ります.

　メイン・ループではこのフラグがセットされるのを待ち,セットされたらメッセージを出力します.`LoopCnt`は今,何番目のメッセージを出力しているかを示す変数で,'0'から'5'の値をとります.この変数の値で出力するメッセージを切り替えます.

　メッセージ(SID値),DLC値は`MsgBuf[]`送受信バッファへ設定し,それを`CANTxB0 MsgWrite()`マクロでMCP2515の送信バッファへロードして,最後に`TXB0CTRL`レジスタの`TXREQ`ビットをセットして送信要求を発行します.

　ビット・フィールドの使い方は第4章を参照してください.

## ● ノード2(#221)のメッセージ受信処理

　このプロジェクトでは,メッセージ受信を待機して,受信があったときにその内容によりLEDを点消灯させます.

　メイン・ループに組み込まれた受信処理のコードを**リスト5-3**に示します.

　`CANRxCheck(0)`関数で受信があったかどうか調べます.この関数がTrueになったときは,MCP2515の受信バッファに受信メッセージがすでに格納されているので,それを`CANRxB0Read(&MsgBuf[1],0)`マクロで取り出します.取り出したメッセージは11ビットの本来のSID値に戻して`msg`変数へ格納します.

　このメッセージのSID値をLCDに表示したあと,switch-case文で処理を振り分けて,該当のLEDをONまたはOFFさせ,点消灯するLEDの番号とON/OFFの状態を再びLCDへ表示させます.

　このプロジェクトではフィルタは使っていないため,このノード以外のメッセージが送信された場合も,すべて受信してしまいます.

　`LEDn_ON`はLED "n" を点灯させるマクロ,`LEDn_OFF`はLED "n" を消灯させるマクロです.`LCDString()`はLCDへ文字を出力する関数です.

　本来,メッセージ取り出し後は`CANINTF.RX0IF`をクリアする必要がありますが,`CANRxB0Read()`マクロでシーケンシャル・リードのコマンドを実行しているので,自動的にリセットされています.

**リスト5-2　プロジェクト001 ノード1のメッセージ送信処理**

```
BYTE reg;
WORD msg;
struct tag_TXBnCTRL *pctrl;
struct tag_TXBnDLC *pdlc;
BYTE ctrl, dlc;

// メイン・ループの中の処理          割り込み処理で1秒ごとに
if(Flag1Sec) {                     "True"になるフラグ
    // 1sec周期処理
    Flag1Sec = false;

    switch(LoopCnt) {
        case 0:
            msg = MSG_N2_LED1_ON;
            break;
        case 1:
            msg = MSG_N2_LED1_OFF;
            break;
        case 2:
            msg = MSG_N2_LED2_ON;
            break;
        case 3:
            msg = MSG_N2_LED2_OFF;
            break;
        case 4:
            msg = MSG_N2_LED3_ON;
            break;
        case 5:
            msg = MSG_N2_LED3_OFF;
            break;
    }
    LoopCnt = (LoopCnt + 1) % 6;    // ループ・カウンタを更新

    // SID
    MsgBuf[1] = (BYTE)(msg >> 3);  // SIDH
    MsgBuf[2] = (BYTE)(msg << 5);  // SIDL
    MsgBuf[3] = 0;                 // EID8
    MsgBuf[4] = 0;                 // EID0

    // DLC
    dlc = 0;
    pdlc = &dlc;
    pdlc->DLC = 0;                 // データ長
    pdlc->RTR = 0;                 // データ・フレーム
    MsgBuf[5] = dlc;
    CANTxB0MsgWrite(&MsgBuf[1]);   // SPIコマンド

    // 送信開始
    ctrl = 0;
    pctrl = &ctrl;
    pctrl->TXP = 0;                // 送信バッファ優先順位
    pctrl->TXREQ = 1;              // 送信要求
    CANWriteReg(TXB0CTRL, ctrl);   // SPIコマンド
}
```

**リスト5-3 プロジェクト001 ノード2のメッセージ受信処理**

```
WORD msg;
BYTE reg;

// メイン・ループの中の処理          受信済のとき"True"にセットされる
if(CANRxCheck(0)) {               // 受信チェック
    // 受信あり

    MsgBuf[0] = CANReadReg(RXB0CTRL);   // コントロール・レジスタのリード
    reg = CANReadReg(CANINTF);          // 割り込み要因レジスタのリード
    sprintf(StrBuf, "%02X %02X ", MsgBuf[0], reg);
    LCDPrintAt(0, 0);                   // 表示位置の指定
    LCDString(StrBuf);                  // LCDへ表示

    CANRxB0Read(&MsgBuf[1], 0);         // メッセージ取り出し
    msg = ((WORD)MsgBuf[1] << 3);       // SIDH
    msg |= (MsgBuf[2] >> 5);            // SIDL
    sprintf(StrBuf, "M=%04X", msg);     // メッセージ(SID)表示
    LCDString(StrBuf);

    LCDPrintAt(0, 1);                   // 表示位置を指定

    // 受信メッセージ判定                              case MSG_N2_LED2_OFF:
    switch(msg) {                                         LED2_OFF;
        case MSG_N2_LED1_ON:                              LCDString("LED2 OFF");
            LED1_ON;                                      break;
            LCDString("LED1 ON ");                    case MSG_N2_LED3_ON:
            break;                                        LED3_ON;
        case MSG_N2_LED1_OFF:                             LCDString("LED3 ON ");
            LED1_OFF;                                     break;
            LCDString("LED1 OFF");                    case MSG_N2_LED3_OFF:
            break;                                        LED3_OFF;
        case MSG_N2_LED2_ON:                              LCDString("LED3 OFF");
            LED2_ON;                                      break;
            LCDString("LED2 ON ");                }
            break;                               }
```

---

## 5-2 双方向の送受信の確認…プロジェクト002

### ● 概要

　二つのノードを使用して，双方向の通信を確認します．

　ノード1からノード2へ送信するメッセージは，ノード2のLEDをON/OFFさせるものですが，ノード2はそのメッセージを受けて，それをノード1向けのものに変更して，ノード1に返送します．このメッセージを受信したノード1はメッセージに応じて自分のLEDをON/OFFさせます．つまり，自分が送信したメッセージが自分宛てに変換されて戻ってきます．

　図5-2に実験概要のブロック図を示します．

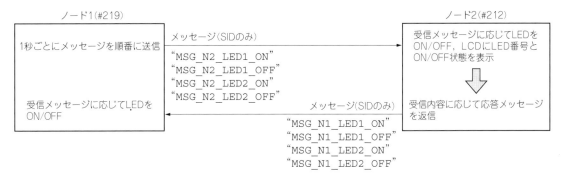

**図5-2　プロジェクト002**
単純な相互通信実験．ノード1からのメッセージに応じてノード2上のLEDをONまたはOFFさせ，そのメッセージを
ノード1向けに変更してノード1へ送信する．ノード1は受信メッセージに応じて自分のLEDをONまたはOFFさせる．

## ● プログラム・ファイル，フォルダの構成

ノードごとのフォルダは次のような階層構成になっています．"[ ]"はフォルダを示します．

```
[Prj002]
    [219-N1] ……… ノード1(#219用)プロジェクト・フォルダ
    [221-N2] ……… ノード2(#221用)プロジェクト・フォルダ
    CANMsg.h ……… ノード1，ノード2共通のメッセージ定義ファイル
```

共通フォルダCommonに関しては，前述の「5-1 プロジェクト001」を参照してください．

## ● Prj001の拡張プログラムとして作成

Prj002のプログラムはPrj001を拡張して作成します．

ノード1のプログラムは，メイン・ループの中のPrj001のノード1の送信処理にメッセージ受信の
処理を加えたものになっています．その他は，出力するメッセージを六つから四つに減らした以外は，
ほとんど同じです．

また，ノード2では，メイン・ループの中のPrj001のノード2で受信処理をしたあとに，受信メッ
セージに応じた応答をノード1に返信する処理を追加したものになっています．

これらの処理が，これから作成する応用ソフトウェアのベースになります．

コードはPrj001の内容を組み合わせたものになるため，詳細の説明は省略します．ソース・ファ
イルを参照してください．

## 5-3　データ・フィールドを伴うメッセージの送受信の確認…プロジェクト003A/B

## ● 概要

プロジェクト001，002はメッセージ(SID値)のみの送信でしたが，プロジェクト003では，SIDに
加えてデータを1バイト送信し，そのデータの値でLEDをON/OFFさせます．メッセージ内容が
データ付きになった以外は，プロジェクト002と同じ動作をします．データD0が '1' のときはLED

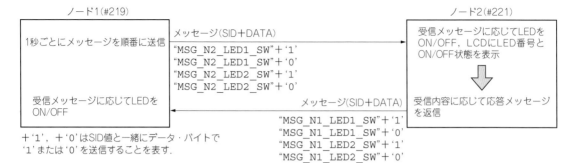

**図5-3 プロジェクト003**

プロジェクト002と同じ動作をするが、メッセージにデータ・フィールドを加えて、メッセージでLED番号、データ内容でON/OFFを指定するように変更した.

をON，'0'のときはLEDをOFFさせます.

**図5-3**に実験概要のブロック図を示します.

## ● プログラム・ファイル，フォルダの構成（003A）

ノードごとのフォルダは次のような階層構成になっています.“[ ]”はフォルダを示します.

```
[Prj003A]
    [219-N1] ……… ノード1(#219用)プロジェクト・フォルダ
    [221-N2] ……… ノード2(#221用)プロジェクト・フォルダ
    CANMsg.h ……… ノード1，ノード2共通のメッセージ定義ファイル
```

共通フォルダCommonに関しては、前述の「5-1 プロジェクト001」を参照してください.

## ● プロジェクト003Aの処理

受信データは、受信バッファのデータ・フィールドから取り出すだけです. DLCには受信したデータのサイズが格納されていますが、今回は簡易的に'1'の固定値として処理しています.

送信の際も、送信バッファのデータ・フィールドにデータを格納して、DLCに'1'を設定しています.

詳細はソース・ファイルを参照してください.

## ● プロジェクト003B

このプロジェクトは003Aと同様の動作をしますが、ノード2でフィルタを有効にして、フィルタでメッセージを振り分けるように変更してあります. 見かけ上は同じ動作ですが、メッセージの判定はSID値の比較ではなく、受信ステータスのフィルタのヒット・フラグで行っています. マスクを無効にしてフィルタに完全一致するように設定しています.

実際のコードでは、switch文でメッセージを振り分けていたのを、受信ステータスで判断するように変更しています. このようにフィルタを利用することで、ほかのノード宛の関係のないメッ

```
// CAN関係 初期化 マスク、フィルタを使用していない
CANInit(CAN_BRP_20MHz_125KBPS);      // CLOCK 20MHz CAN 125kbps

// フィルタ、マスク設定 SID 11bit
CANSetSidFilter0(MSG_N2_LED1_SW);    // フィルタ使用
CANSetSidFilter1(MSG_N2_LED2_SW);
CANSetSidFilter2(0x0000);
CANSetSidFilter3(0x0000);
CANSetSidFilter4(0x0000);
CANSetSidFilter5(0x0000);
CANSetSidMask0(0x07FF);              // マスク無効(完全いっち)
CANSetSidMask1(0x07FF);              // マスク無効(完全いっち)

CANSetFilterRxB0(1);                 // RXB0でフィルタ, マスクを使用
CANSetFilterRxB1(3);                 // RXB1でフィルタ, マスクは使用しない

CANSetOpMode(CAM_MODE_NORMAL);       // ノーマル・モード
```

セージで余計な動作をするむだがなくなります.

ノードごとのフォルダは次のような階層構成になっています."[ ]"はフォルダを示します.

```
[Prj003B]
    [219-N1] ……… ノード1(#219用)プロジェクト・フォルダ
    [221-N2] ……… ノード2(#221用)プロジェクト・フォルダ
    CANMsg.h……… ノード1, ノード2共通のメッセージ定義ファイル
```

## ● プロジェクト003Bのフィルタ, マスク設定

ノード2(#221)では, CANコントローラのハードウェアでメッセージを振り分けるために, フィルタ, マスク機能を有効にしています. ノード2(#221)のCAN関係の初期化処理のコードを**リスト5-4**に示します.

CANSetSidFilter0()とCANSetSidFilter1()の二つのマクロを使って, ヒットさせるフィルタ値(SID値)を設定しています. 二つのメッセージにヒットさせるため, 二つのフィルタを使用しています.

また, 完全に一致させるため, マスクは使用しません. マスク値はCANSetSidMask0(0x07FF)マクロで, 11ビットすべてを '1' にセットしたマスク値を設定して, 全ビットがフィルタに適用されるようにしています.

最後にCANSetFilterRxB0(1)マクロで, フィルタ, マスクが標準フォーマットで適用されるように設定しています.

フィルタ, マスクの設定はCANオペレーション・モードを「コンフィギュレーション・モード」の状態で行う必要があります(パワー・オン・リセット直後はこのモードにリセットされている). 設

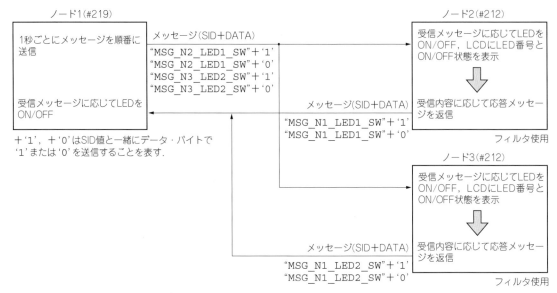

**図5-4　プロジェクト004**
これ以前の動作とほぼ同じだが，メッセージ内容で宛先を切り替えて，一つのノードから二つのノードにそれぞれメッセージを送信してメッセージが正しく振り分けられているかを確認する．もし，混信している場合は，ノード2とノード3はまったく同じ動きをするが，正常に動作している場合は，ノード2またはノード3が交互に動作する．

定が終わったら「ノーマル・モード」に戻して通常の通信状態にしておきます．

---

## 5-4　メッセージ振り分けの確認…プロジェクト004

### ● 概要

　今回はノードを三つ使います．二つのノード(ノード2とノード3)にそれぞれ固有のフィルタを設定し，ノード1から送信したメッセージがノード2，ノード3に混信することなく振り分けられることを確認します．

　基本的には，プロジェクト003Bのフィルタ値をノード固有の値に設定して，それを2セット接続したものです．

　ノード2またはノード3はメッセージを受信したら，それぞれ応答をノード1に送り返します．

　追加するノード3は，ノード2と同じくCAN制御LCDボード(#221)を使用して，受信したメッセージをLCDに表示するようにしています．ノード2と3のプログラムの違いはフィルタ値とノード1に送り返すメッセージ値だけで，それ以外は同じ内容です．

　ノード1から送信するメッセージは応答を期待するものですが，今回はメッセージにパラメータ(ON/OFF情報)のデータ・バイトを伴たせるため，リモート・フレームではなく，データ・フレームとして送信しています．

　**図5-4**に実験概要のブロック図を示します．メッセージのあて先に注意してください．

## ● プログラム・ファイル，フォルダの構成

ノードごとのフォルダは次のような階層構成になっています．"[ ]"はフォルダを示します．

```
[Prj004]
    [219-N1] ……… ノード1(#219用)プロジェクト・フォルダ
    [221-N2] ……… ノード2(#221用)プロジェクト・フォルダ
    [221-N3] ……… ノード3(#221用)プロジェクト・フォルダ
    CANMsg.h ……… ノード1～ノード3共通のメッセージ定義ファイル
```

共通フォルダCommonに関しては，前述の「5-1 プロジェクト001」を参照してください．

---

**Column … 5-1    アービトレーションの確認**

　故意にメッセージ競合を発生させようと，図5-Aのような構成で，ノード2，ノード3の二つのノードから同時にメッセージを出力するような実験回路を作って動作させてみたのですが，結果的にあまりうまく動きませんでした．

　MCP2515はRTS信号の入力をトリガとしてメッセージ送信を開始（実際は送信要求を有効にする）ことができます．つまり，ハードウェアのタイミングでメッセージを送出することができます．この機能を利用して，二つのノードに同時に

RTS信号を出力することで同時にCANメッセージを出力させようとしました．

　ところが，二つのノードから同時にメッセージを出せることもあるのですが，出せないこともあります．

　原因は，電気的な特性のばらつきや，各ノードのソフトウェアの負荷などが影響して，RTS信号の入力で実際にメッセージが送出されるまでの時間にばらつきが出るためではないかと考えています．

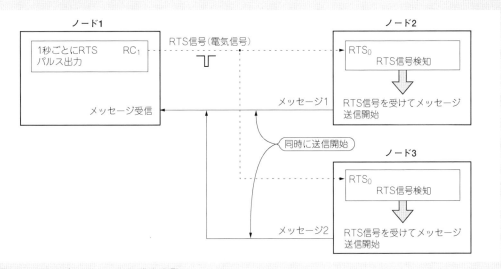

**図5-A　アービトレーション発生実験**
ハードウェア信号により，同時にメッセージを送信させてアービトレーションを起こそうとした実験機材の構成図．

CANバスでは，少しでもメッセージの送出（正確にはSYNCビットの送出）が遅れると，遅れたほうのノードはCANバスが解放されるまで待機することになります．したがって，CANバスのメッセージ競合は起こりません．通常，この機能のおかげでメッセージが混乱したり，消失するのを防ぐことができ，これが正当な動作なのですが，それを無理に競合させようとするのが難しいというわけです．

一応，何回かに一度という感じで，競合が発生して，送出をリトライすることは確認できましたが，再現性が低いため本編では触れませんでした．

実験したい人は，簡単に内容を説明しておきますので，それを参考にプログラムを修正して実験してみてください．

● メッセージをRTS信号で送出させる（ノード2，ノード3）

MCP2515はあらかじめメッセージを送信バッファにロードしておいて，RTS信号をトリガとして送信を開始させることができます．$RTS_0$にトリガ信号を接続する場合，TXRTSCTRL.B0RTSMをセットすると，外部トリガが有効になります．

＜プログラム例＞

```
CANBitModCmd(TXRTSCTRL,
1<<B0RTSM,
1<<B0RTSM);    // RTS0 Pin Enabled
```

なお，RTS信号が有効になる前に，送信バッファ（今回の例では送信バッファ0）へ適当なメッセージを設定しておく必要があります．

リトライのロジックは第8章のノード1のプログラムなどを参考にしてください．TXB0CTRL.MLOAがセットされている場合は，調停負けしています．

筆者が行った実験では，リトライしたときにLEDを点灯させるようにして，リトライが発生したことが確認できるようにしました．

このようなソフトウェアを，同じハードウェア構成の二つのノードにプログラムします．CANバス・モニタなどで確認する場合は，二つのノードが送出するメッセージを変えておくと，どちらが送信したかを区別できます．

● メッセージ受信ノード（ノード1）

メッセージを受信する側のノード（ノード1）は，ノード2，ノード3にトリガをかける（ノード2，ノード3の$RTS_0$信号をアクティブにする）機能ももたせます．

ノード1側に適当な出力ポートを一つ用意し，ノード2，ノード3の$RTS_0$に接続します．通常，"H"レベルに保ち，一定周期で"L"のパルスを出力すれば，周期的にメッセージの送信要求を出すことができます．

CANメッセージに関しては，受信のみで，送信の必要はありません．

● アービトレーション発生の確認方法

CANバス・モニタで測定しても，アービトレーションが発生したかどうかはわかりません．これは，アービトレーションの発生の有無に関わらず，メッセージは一つずつ順番に受信するためです．したがって，アービトレーションにより送信をリトライしたことが何らかの方法でわかるようにしておかなければなりません．著者は単純にLEDを点灯させるようにしました．

● 実使用では

実際に使用する場合は，メッセージの通信頻度にもよるでしょうが，アービトレーションが発生することは稀だと思われます．もしかするとバス・エラーのほうが頻度が高いかもしれません．ただ，発生する可能性はゼロではないので，実用プログラムではリトライ処理が必要です．

# 第6章

WinAVR環境でプログラミング

# AVRでMCP2515コントローラを使う

本章では，MCP2515とAVRをSPIで接続してAVRからMCP2515を制御します．AVRにはATmega168(88/48)を使用していますが，簡単な実験ならプログラム容量の少ないATtiny2313でも使用可能ですので，そちらのプログラミングについても説明します．

## 6-1　実験回路

### ● AVRの選定

AVRの種類は基本的には何でもよいのですが，プログラムROMの容量が4kW(ワード)以上，できれば，8kW以上あるほうがいろいろ実験できてよいと思います．筆者は手持ちの関係で，mega168を使用しましたが，容量が半分のmega88でも使えます．なお，本章で掲載している実験用のプログラムは結果的に2kWで収まったので，ATtiny2313での作成例も後ほど説明します．

### ● CANコントローラの回路

CANコントローラ回路には第3章で解説したSPI-CANブリッジ(#220)を使用していますが，DIPタイプのICを使えば，ブレッドボードなどでも製作可能なので，その場合は回路図を参考に製作してください．

AVR(ATmega168/88/48)のクロックは20MHzです．16MHzなどに変更してもかまいませんが，タイマの周期が変わるので，メッセージの送信間隔が変わります．それで不都合がある場合は，OCR1Aレジスタへ設定するコンペア値を変更してください．後に述べるATtiny版では，内蔵の$RC$オシレータを8MHzで使っています．

写真6-1(p.98)はブレッドボード上でATmega168(DIP)とCAN-SPIブリッジ(#220)を配線したものです．AVR側の周辺回路は発振子と電源，SPI関係の配線だけですが，ISP用のピン・ヘッダも取り付けて，AVR ISPなどでプログラムが書き込めるようにしています．タイマ関係のパラメータの変更が必要ですが，内蔵の8MHzの$RC$オシレータを使えば，さらに簡単な回路で済みます．

その他，動作確認用のLEDを1kΩ程度の抵抗器を通して，出力ポートへ接続しておきます．

ATmega版の回路図は図6-1に示しますが，全実験で同じ回路のものを使うので，プロジェクトごとのI/Oポートのアサインもすべて同じです．任意のポートが使えるため，配線がしやすいような並びになっています．

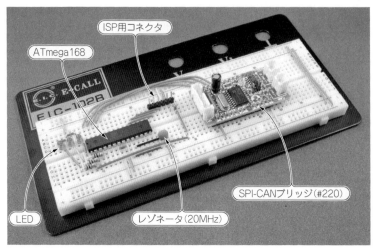

**写真6-1 mega168版CANノード**
ブレッドボードとSPI-CANブリッジ基板で製作したmega168版のCANノード.

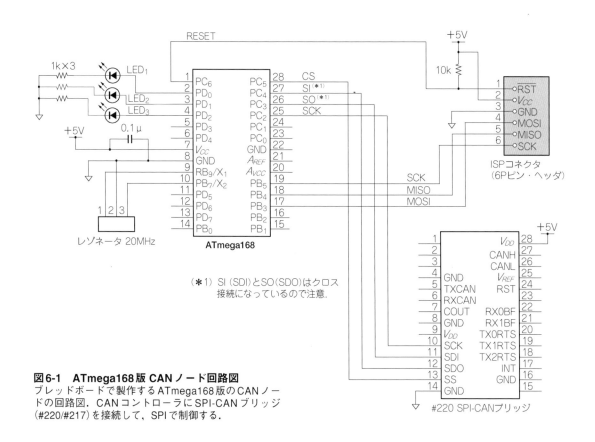

(＊1) SI (SDI) とSO(SDO)はクロス
接続になっているので注意.

**図6-1 ATmega168版CANノード回路図**
ブレッドボードで製作するATmega168版のCANノー
ドの回路図.CANコントローラにSPI-CANブリッジ
(#220/#217)を接続して,SPIで制御する.

## 6-2　CAN通信の実験

### ● 実験内容

　AVRを使った実験回路でも第5章のPIC版とほぼ同じ実験ができますが，ここではLCDをつけていないので，その部分は省略します．なお，この程度の処理なら，ATtiny2313でも使用可能です．ノード2にLCDを付けたい場合は，後述のtiny2313版の二つめのノードのプログラム（ノード22）やPIC版のプログラムを参考にして，修正してください．

　ここでは「5-2　プロジェクト002」（pp.90〜91）の双方向通信相当の実験を行います．図5-2のブロック図を参照してください（ただしノード2のLCDはなし）．

## 6-3　WinAVRによるプログラミング

　コンパイルには，無償で入手可能なWinAVRのgcc（GNU Cコンパイラ）を使用していますが，AVR StudioやWinAVRの使用方法などは省略します．使い方などは参考文献などを参照してください．

### ● MCP2515の制御

　MCP2515のSPIコマンドによる制御部分のプログラムは，基本的にPICで使用したものと同じです．違うところは，SPIで使用するI/Oポートの初期化や，1秒周期を得るためのタイマのプログラム部分だけです（詳細は後述）．

　ドライバやメイン処理の共通部分は，関数レベルでソース・コードを兼用できるように考慮してあります．そのため，多少冗長な部分もあります．関数やマクロの定義，使用法については「第4章 CANコントローラの制御プログラム」，その他PICでの使用例も参照してください．

### ● ソース・ファイルのフォルダ構成

　AVRのプロジェクトでは，アプリケーション側のソース・ファイルから，ドライバ関数のソース・ファイルをインクルードして，ドライバ部分を含めた1本のソース・ファイルとしてコンパイルしています．これは，第5章でCCS-C（CCS社）でリンカなしでプログラムを作成していたのと同じ方法です．

　ドライバ関数のソース・ファイルはCommonフォルダに置かれてほかのプロジェクトと共用されますが，これをアプリケーションのコードの一部として扱うことで，プロジェクトごとに固有のI/Oポートを割り当てられるようにしています．WIZ-C（FED社）ではヘッダ・ファイルのパスの扱いが異なるため，違う方法を採っています．

　フォルダの階層構造は次のようになっています．

```
[Prj002]
   [m168-N1] ………………… ノード1(mega168)プロジェクト・フォルダ
   2515SpiPort.h … MCP2515(SPI)用ポートのアサインの定義
   IOPort.h ………… LEDなどのポートのアサインの定義
```

```
node1.c ················· ノード1のメイン・プログラム
  [m168-N2] ··············· ノード1(mega168)プロジェクト・フォルダ
    2515SpiPort.h ··· MCP2515(SPI)用ポートのアサインの定義
    IOPort.h ··············· LEDなどのポートのアサインの定義
    node2.c ················· ノード2のメイン・プログラム
  CANMsg.h ··············· ノード1, ノード2共通のメッセージ定義ファイル

  [Common]
    2515Reg.h ··············· MCP2515のレジスタ・アドレスなどの定義
    2515Tag.h ··············· MPC2515のレジスタのビット定義
    CAN2515.c ··············· CANコントローラのドライバ関数, マクロ
    Lcd.c ························· LCDドライバ
```

2515SpiPort.hとIOPort.hがm168-N1とm168-N2の両フォルダにありますが, ノード1とノード2が同じ回路のため, これらのヘッダ・ファイルはまったく同じものです.

もし, 両ノードの回路が異なる場合は, それぞれの定義ファイルを回路に合わせて修正することで対応できます. そのような場合を想定して, あえて個別に定義しています.

## ● 定義ファイル, ドライバ・ソース・ファイルの参照方法

次に, 実際のメイン・ソース・ファイル(node1.cまたはnode2.c)のインクルード部分のコードを説明します.

定義部分のコードを抜粋して**リスト6-1**に示します. なお, 後から定義されたものが前に定義されたものを参照している場合があるため, この順序は変更できません.

順に**リスト6-1**の内容を説明します.

(1)はMPC2515のレジスタのビット・フィールドのタグを定義したファイルです.

(2)は同レジスタのアドレス, ビット名などを定義したものです.

(3)はMCP2515との通信に使うSPIポートをどの汎用I/Oに定義するかを定義したものです.

(4)はMCP2515を制御する関数やマクロのコード本体です.

(5)はLED関係のI/Oポートの定義ファイルです.

前述のように, プロジェクトごとに回路が異なる場合には, (3)や(5)を回路に合わせて定義し直せば, (4)のドライバ本体に手を加えることなく対応できます.

## ● SPIポートの定義ファイル

PIC版と同じく, SPIは汎用のI/Oポートを使用して, ソフトウェアで制御するため, 使用するポートは任意です. 2515SpiPort.hでポートにアドレスやビット番号を定義しているので, これを修正すれば簡単にアサインを変更できます. このファイルはCommonなど共用フォルダではなく, プロジェクトごとのローカルなフォルダに置いてあります. つまり, プロジェクトごとに設定が変更できます. LED関係の定義ファイルIOPort.hも同様です.

**リスト6-1　インクルードするファイル**

```
#include "..\\..\\Common\\2515Tag.h"        // (1)
#include "..\\..\\Common\\2515Reg.h"        // (2)
#include "2515SpiPort.h"                    // (3)
#include "..\\..\\Common\\CAN2515.c"        // (4)
#include "IOPort.h"                         // (5)
```

**リスト6-2　SPIポートの定義2515SpiPort.h抜粋**

```
// SPIポート定義
#define CAN_SPI_CS_BIT          5       //
#define CAN_SPI_SO_BIT          3       //
#define CAN_SPI_SCK_BIT         2       //
#define CAN_SPI_SI_BIT          4       //

#define CAN_SPI_CS_DDR          DDRC    //
#define CAN_SPI_SO_DDR          DDRC    //
#define CAN_SPI_SCK_DDR         DDRC    //
#define CAN_SPI_SI_DDR          DDRC    //

#define CAN_SPI_CS_PORT         PORTC   //
#define CAN_SPI_SO_PORT         PORTC   //
#define CAN_SPI_SCK_PORT        PORTC   //
#define CAN_SPI_SI_PORT         PINC    //
```

ポート入力はPIN$x$から読み出すことに注意してください.

本書のmega168版の製作例では,ポートの定義は次のようになっています."SI","SO"はAVR側から見た名称です.

| | | | |
|---|---|---|---|
| CS ………… | PC$_5$(出力) | SCK ……… | PC$_2$(出力) |
| SO ……… | PC$_3$(出力) | SI ………… | PC$_4$(入力) |

このときの2515SpiPort.hの内容を**リスト6-2**に示します.接続ポートを変更する場合は,この内容をハードウェアに合わせて書き換えます.

CAN_SPI_XX_BITはレジスタ上のビット位置を示す番号です.最下位が '0',最上位が '7' となります.

CAN_SPI_*XX*_DDRはI/Oの方向を設定するDDRxレジスタの定義です.

CAN_SPI_*XX*_PORTは操作するポートが所属するPORTxレジスタの定義です.

入力ポートのCAN_SPI_SI_PORTはPINxに定義されていることに注意してください.

CAN_SPI_*XX*_PORTポートのCAN_SPI_*XX*_BIT番目のビット,というような使われ方をします.

## ● SPIポートの初期化処理

PIC版と唯一違うのがSPI用I/Oポートの初期化部分です.初期化関数CANInit()のI/Oポート

**リスト6-3　初期化関数CANInit( )のI/Oポートの初期化部分のコードの抜粋**

```
// SPIポートの初期化
CAN_SPI_CS_DDR |= (1<<CAN_SPI_CS_BIT);      // output
CAN_SPI_SO_DDR |= (1<<CAN_SPI_SO_BIT);      // output
CAN_SPI_SCK_DDR |= (1<<CAN_SPI_SCK_BIT);    // output
CAN_SPI_SI_DDR &= ~(1<<CAN_SPI_SI_BIT);     // input
```

**リスト6-4　SPIポートのビット操作マクロの定義**

```
// SPIポート ビット操作
#define CAN_SPI_CS_H      CAN_SPI_CS_PORT|=(1<<CAN_SPI_CS_BIT)
#define CAN_SPI_SO_H      CAN_SPI_SO_PORT|=(1<<CAN_SPI_SO_BIT)
#define CAN_SPI_SCK_H     CAN_SPI_SCK_PORT|=(1<<CAN_SPI_SCK_BIT)

#define CAN_SPI_CS_L      CAN_SPI_CS_PORT&=~(1<<CAN_SPI_CS_BIT)
#define CAN_SPI_SO_L      CAN_SPI_SO_PORT&=~(1<<CAN_SPI_SO_BIT)
#define CAN_SPI_SCK_L     CAN_SPI_SCK_PORT&=~(1<<CAN_SPI_SCK_BIT)

#define CAN_SPI_SI        (CAN_SPI_SI_PORT&(1<<CAN_SPI_SI_BIT))
```

の初期化部分のコードの抜粋を**リスト6-3**に示します.

　汎用I/Oの初期設定でPICとAVRが決定的に違うのは，I/Oの方向を設定するレジスタ(PICの場合はTRIS*x*，AVRの場合は，DDR*x*)の設定値の論理が逆ということです. AVRの場合は，'1'に設定されたビットに対応するポートが出力に設定されます.

　また，AVRでは，入力ポートと出力ポートは同一ピンでも別アドレスにアサインされています. AVRの場合，ポート出力はPORT*x*へ，ポート入力はPIN*x*から行うことに注意してください. わかっていてもPICとAVRのプログラムを両方扱っていると，うっかり間違うことがあります.

　また，ビット操作のマクロの定義部分もPIC版とは異なっています(マクロ名はPIC版と同じなので，それらを利用する側のコードには互換性がある).

　これらのマクロは，CAN用SPIポートの信号レベルを変更したり，ポートからビット・データを読み出すものです. ビット操作関係のマクロのコードを**リスト6-4**に示します.

## ● CANドライバ関数，マクロ

　前述のように，初期化関数CANInit( )の一部とビット操作マクロの定義がPIC版と異なりますが，それ以外の処理はPIC版とほとんど同じです.

　初期化以外のすべての関数は，前述のビット操作マクロを利用してしているため，機種，コンパイラの違いが吸収され，PIC，AVRの違いなく関数レベルで同一のコードを使用することができます.

　ただ，第10章のArduinoのコンパイラでは，ビット・フィールドがうまく動作しなかったので，ビット・フィールドを使わないように一部のコードを変更してあります. 詳細は第10章で説明します.

## ●1秒周期の生成

　1秒の周期を作るためにAVR内蔵の16ビット・タイマ/カウンタを利用します. このタイマは

CTC（Clear Timer on Compare Match）モードで使用します．PIC版と同じことをやっているのですが，レジスタ構成や設定方法は当然異なるため，その部分を簡単に説明します．

　AVRのクロックが20MHzの場合で考えますが，いきなり1Hzは作れないため，まず5Hzを作ってそれをソフトウェアで1/5にして1Hz（1秒周期）を得ます．分周の過程を次式に示します．

$$20\mathrm{MHz} \times \frac{1}{64} \times \frac{1}{62500} = 5\mathrm{Hz}$$

　クロック・ソースをシステム・クロックの1/64に設定するには，CS12～CS10に"011"を設定します．また，TIMER1をCTCモードに設定するために，WGM13～WGM10に"0100"を設定します．コンペア値はOCR1Aに"62500"を設定します．

　実際のコードを次に示します．

```
TCCR1B = (1<<WGM12) | (1<<CS11) | (1<<CS10);
OCR1A = 62500;
```

この設定でシステム・クロックが20MHzのときに1/5sec周期でTIFR1.OCF1Aビットがセットされるように働くため，このタイミングをメイン・ループでチェックします．いったんこのビットがセットされた後は，次回の周期タイミングに備えてクリアしておく必要があります．このビットをクリアするには，TIFR1.OCF1Aビットを'1'にセットします．'0'にクリアするのではないので間違わないように注意してください．

　このフラグがセットされた回数を数えて，5回につき1回，Flag1Secというフラグをセットして，1秒のタイミングが発生したことを示します．この後はPIC版のプログラムとほとんど同じです．

## ● 動作確認

　ノード1，ノード2にそれぞれ対応するプログラムを書き込んでCAN信号を接続し，電源を入れると，PIC版のプロジェクト002と同じ動作をします（ただしLCD制御なし）．両ノードのそれぞれにあるLEDが1秒周期で交互に点滅すれば正常に動作していることが確認できます．

# 6-4　tiny2313版でのノードの製作

## ● 製作するノード

　ここでは，tiny2313を使ってプロジェクト002のノード1とノード2を製作します．ノード2はmega168版と同様，LCDなしのもののほか，LCD付きのバージョン（ノード22）も製作します．実際はノード22ですべて代用できます（LCDが不要な場合は，その部分は外しても可）．同じものを2セット用意してもかまいませんが，筆者はノード22を1セットだけ用意してプログラムを実験ごとに書き換えて，PIC版やmega168版のノードと組み合わせて実験しました．

　ノード22はプログラム容量の制限により，単純な表示しかできません．本当は，mega168版にLCDをつければよかったのですが．

## ● tiny2313版について

　最初はプログラム容量の関係で，tiny2313では無理かと思いましたが，mega168版をコンパイルし

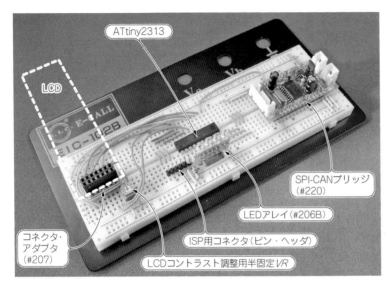

ATtiny2313

LCD

SPI-CANブリッジ
(#220)

LEDアレイ(#206B)

ISP用コネクタ(ピン・ヘッダ)

コネクタ・
アダプタ
(#207)

LCDコントラスト調整用半固定VR

**写真6-2**
**tiny2313版CANノード**
ブレッドボードとSPI-CANブリッジ基板で製作したtiny2313版のCANノード.

たときに容量的に余裕があることがわかったので，tiny2313版も製作してみました．ノード22(ノード2のLCD付きバージョン)は，簡単な表示しかできませんが，LCDの制御ルーチンも組み込むことができました．

ノード22では，LCDにメッセージ(SID)を4桁の16進数で表示させています．16進数を表示させる際によく利用される，ライブラリのsprintf()関数ですが，この関数はメモリ食いなので，さすがにtiny2313では使えませんでした．その代わりに4桁固定で2バイトの数値を16進数文字列に変換する関数を用意しました．

## ● 回路

写真6-2のようにブレッドボードで製作しています．回路図は図6-2に示します．LCDをつけると，I/Oポートが足りなくなるので，クロックは内蔵の$RC$オシレータを使用して，PA$_0$，PA$_1$をLED用出力ポートにアサインしています．

LCDをブレッドボードに接続するのは少々面倒ですが，筆者は**写真6-2**のような100mil幅の14Pピン・ソケットを300mil幅のピン・ヘッダに変換するアダプタ・ボードを製作しました．このボードでLCDを直結できます．その他，同写真で使用している小型のアダプタ基板についてはコラム6-1を参照してください．

## ● 制御プログラム

プログラムの本体は，前述のmega168版とほとんど同じです．I/Oポートの定義の違いは定義ファイルの変更で対応します．それ以外にLCDの制御や16進数の文字列を生成する関数などが追加されています．

## ● LCDの制御

LCDの制御はI/Oの定義部分やディレイ関係のマクロ定義を除いて，CCS-Cで使用しているLCD

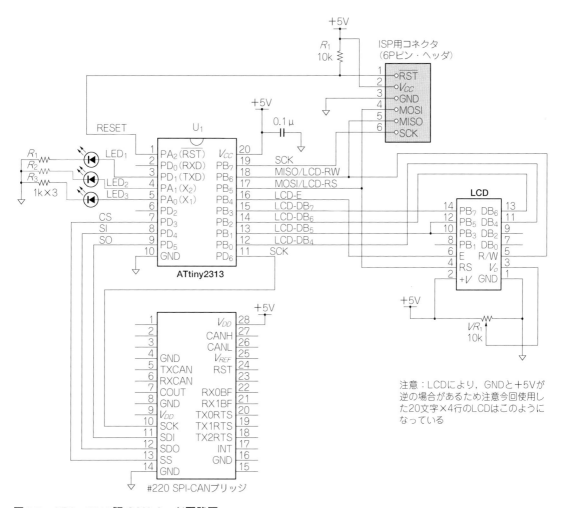

**図6-2 ATtiny2313版CANノード回路図**
ブレッドボードで製作するATtiny2313版のCANノードの回路図. 発振子は使わずに, 内蔵のCRオシレータを使用して, I/Oピンの本数を増やしている. CANコントローラにSPI-CANブリッジ（#220/#217）を接続して, SPIで制御する.

制御ドライバと関数レベルで互換性があります. さらに, 関数, マクロの名称, コーリング・シーケンスはWIZ-Cのドライバ関数と互換性があります.

　LCDにアサインされるポートはLcdPort.hで定義してあるので, このファイルをハードウェアに合わせて修正すれば, ATmega168でも利用できます. また, PIC版のほかのコンパイラやほかのCPUのコンパイラでも, 少しの修正で再利用できると思います.

## ● 動作確認

　動作は, 前述のmega168版とほぼ同じです. ノード22では, LCDに受信したメッセージのSID値が16進数で表示されます.

　ブレッドボードははんだ付けが不要で，電子回路を手軽に試作できて便利なツールですが，汎用的に作られているため，制限があったり，使いづらいということも出てきます．そこで，著者が製作した，ブレッドボード用の便利なツールをいくつか紹介します．

　写真6-A（左）はLEDに電流制限用の抵抗器をはんだ付けしたものです．実装スペースの点で，LEDに抵抗器を接続するのは少し面倒なので，このようなものをいくつか作っておくと，ちょっとしたところに省スペースで簡単に実装できて便利です．

　写真6-A（右）はこれを発展させたもので，LEDを4個並べて，4本の信号にワンタッチでLEDを接続することができます．コモン線はリード線にして，ある程度自由に接続位置を変えられるようにしてあります．このリード線は通常，GNDまたは＋電源に接続します．

　写真6-Bはクリスタルやレゾネータをワンタッチで装着するものです．PICやAVRでは2本のクロック信号とGNDが並んで配置されているデバイスが多いですが，3Pのレゾネータは中央が

GNDのため，PICの近くに直接実装することができませんが，このアダプタを使えば，クロック・ピンのすぐ横にワンタッチで実装できまます．

　写真6-C（左）はブレッドボードにフラット・ケーブルのコネクタを接続するために作ったものですが，同写真（右）のようにピン・ヘッダの代わりにソケットを取り付けると，LCDが直結できます．実装するソケットやピン・ヘッダの組み合わせでいろいろな用途に使えます．

　写真6-Dは，写真6-Cのものをさらに発展させてLCD用に特化し，コントラスト調整用の半固定VRとLCD用電源のプラス/マイナス・ピンを入れ替えるためのジャンパを取り付けています．

　写真6-EはISPケーブルや電源用のナイロン・コネクタなどをブレッドボードに接続するためのものです．一般に，ピン・ヘッダやコネクタの基板側のピンは短いため，ブレッドボードに挿せても接触面が少なくて不安定です．そこで，ピン・ヘッダを逆方向にはんだ付けすることで，ブレッドボードに刺さるピンの長さを稼いで安定させています．また，ブレッドボード側を2列にして接続ピン数を増やし，より安定するようにしています．

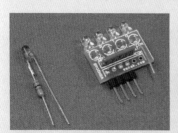

写真6-A　LED＋抵抗

写真6-B　発振子

写真6-C　ピン・ヘッダ，ソケット

写真6-D　LCD用コネクタ

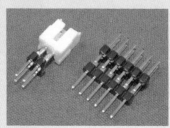

写真6-E　ナイロン・コネクタ用

## [第7章]

### CANのバスのやり取りを可視化する

# 簡易CANバス・モニタの製作

CAN機器の応用品として，CANバスのメッセージをモニタする，簡易的なCANバス・モニタを製作します．受信したメッセージの内容はPCのターミナル・ソフトや専用Windowsアプリケーションへ表示させます．

## 7-1　バス・モニタの機能

### ● 機能の概要

MCP2515 CANコントローラをリスン・オンリ・モードで動作させ，受信したメッセージをPCへ送信して，それをPC上で表示させます．

PC側ではターミナル・ソフトまたはWindowsアプリケーションで，受信したメッセージIDやDLCフィールド，データ・フィールドの内容やタイムスタンプ(経過時間)などを表示させます．

簡単な応用例ですが，簡単な通信の確認に利用できます．

### ● PCとのインターフェース

PCとバス・モニタとの通信はシリアル通信で行います．今回は，非同期シリアルとUSBを相互に変換できるUSB変換ボードを使ってUSBで接続しています．

USB変換ボードを使うことにより，PC側のアプリケーションはRS-232Cなどの非同期シリアル通信のソフトウェアがそのまま利用できます．

### ● バス・モニタのハードウェア

バス・モニタは，CANコントローラMCP2515のメッセージ受信の機能を利用するだけなので，基本的な回路はPICとCANコントローラ関係，それにシリアル・インターフェースが主要なものとなります．必要部分だけを抽出してまとめた回路図を**図7-1**に示します．この回路は第3章で製作した「PIC CANコントローラ(#219)」の基本部分とほぼ同じものです．本書では，#219基板をそのまま利用していますが，ブレッドボードやユニバーサル基板で製作する場合は，**図7-1**を参照して製作してください．

タイムスタンプの時間計測にPIC内蔵のCCP1とTIMER1をコンペア・モードで使用します．そのため，PICの発振子はクリスタルを使ったほうがよいでしょう．

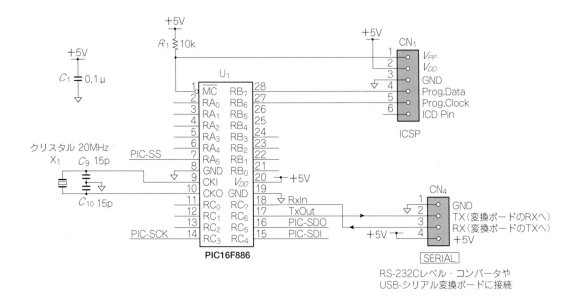

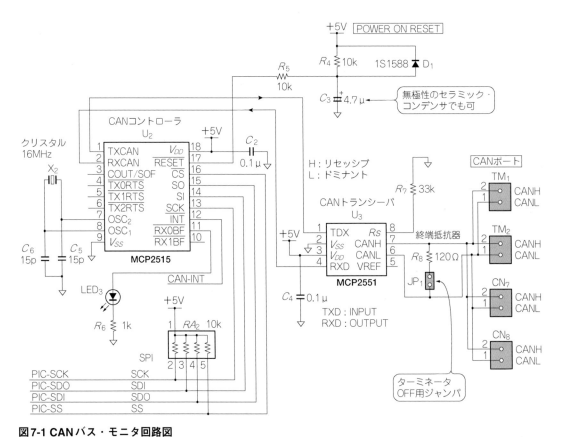

**図7-1 CANバス・モニタ回路図**
#219基板からバス・モニタの必要部分を抽出して簡略化したもの. 部品番号は#219と同じになっているので注意.

また，MCP2515の発振子に16MHzのものを使うと，125kHz，250kHz，500kHzのビットレートの設定値の切りがよくなり簡単になります（1CANビット・タイムが16$TQ$になるため）．

　マイコン回路には市販のシリアル-USB変換ボードなどを接続してPCと接続します．USB変換ボードの代わりにRS-232Cのレベル・コンバータを接続すれば，RS-232Cでも利用できます．

# 7-2　制御ソフトウェア

## ● ソフトウェアの概要

　バス・モニタは受信専用のノードですから，CANコントローラ（MCP2515）はリスン・オンリ・モードで動作させます．CANバスに行き交うメッセージは，通常のノードと同じように受信できます．なお，特定のメッセージだけをモニタするという使い方もあるでしょうが，今回はすべてのメッセージを受信するようにします．したがって，フィルタ機能は使用しません．フィルタを使わないということは，メッセージの量が多くなると，バス・モニタの受信処理は忙しくなります．

　MCP2515の受信バッファは，ロールオーバ・オプションを有効にしてダブル・バッファに設定し，メッセージの取りこぼしを少なくします．メモリに余裕があれば受信メッセージをリング・バッファに入れて，それを順次シリアル送信するようにすれば取りこぼしは改善しますが，今回は，受信したら即シリアル通信でメッセージをPCへ送信することにします．したがって，ダブル・バッファは必須です．CANのボーレートにもよりますが，多くのメッセージが連続でCANバスに送出されると，シリアル送信が追いつかずにダブル・バッファでも足りなくなる可能性があります．その場合は，データは取りこぼしてしまいます．

　時間がかかるのは，シリアル送信の処理ですが，送信データをリング・バッファにして割り込みで送信するようにすれば，送信時間の問題は解決します．ただ，やはり，送信バッファに関してもメモリ容量がある程度ないと効果がありません．なお，WIZ-Cでは標準ライブラリ環境で受信時だけでなく，送信時にもリング・バッファを使った割り込み制御で送信するようになっているためこれを利用します．

　CCS-Cでは，リング・バッファを使わないと，取りこぼしが多くなると思われるため，独自にリング・バッファ対応の送信処理を用意することにします．CCS-Cの送信処理については「7-4 CCS-Cのシリアル送信処理」で説明します．

## ● 処理の概要

　CANメッセージの受信があるまで待機し，受信を検知したら受信バッファからメッセージを取り出します．それをシリアル送信用のフォーマットに変換してシリアルでPCへ送信します．また，メッセージと一緒に，エラーなどのステータス情報も送信するようにします．送信するデータはASCII文字列です．したがって，汎用のターミナル・ソフトでも内容を確認することができます．

## ● シリアル通信コマンド

　バス・モニタはCANバスから一方的に送られてくるCANメッセージを受信してPCへシリアル通信で送信するだけですが，PCからバス・モニタの簡単な操作ができるようにしてあります．

**表7-1　シリアル・コマンド/応答の一覧**

ホストからシリアル・インターフェースで送受信するコマンド文字列のフォーマットの一覧．方向欄の "PC" はパソコン（Windows ホスト），"Mi" はマイコン・ボードを示す．デリミタ・コードは，¥r¥n の2文字．

| コマンド | コード | | パラメータ | | | 方向 | 説　明 |
|---|---|---|---|---|---|---|---|
| ビットレート設定<br>コマンド | 'B' | n | '¥r' | '¥n' | | PC → Mi | CAN ビットレートを設定する．<br>n = '0' 125kHz<br>n = '1' 250kHz<br>n = '2' 500kHz |
| モニタ開始コマンド | 'S' | '¥r' | '¥n' | | | PC → Mi | タイムスタンプの時計をリセットしてモニタリングを開始する |
| モニタ終了コマンド | 'E' | '¥r' | '¥n' | | | PC → Mi | モニタリングを停止する |

| 応答 | コード | | | パラメータ | | 方向 | 説　明 |
|---|---|---|---|---|---|---|---|
| コマンド正常応答 | 'O' | 'K' | '¥r' | '¥n' | | PC ← Mi | コマンドを正常に受け付けた |
| コマンド異常応答 | '?' | '¥r' | '¥n' | | | PC ← Mi | コマンドを受け付けなかった |
| ログ・データ | フォーマットは図7-2参照 | | | '¥r' | '¥n' | PC ← Mi | 受信時のメッセージ，タイムスタンプなどをホストへ通知する．データ・フィールドのサイズにより可変長 |

　この操作は，PC 側から文字列のコマンドを送信することで行います．Windows のハイパーターミナルなどのターミナル・ソフトで送信することができます．

　コマンドは次の三つです．コマンドのフォーマットは**表7-1**のようになっています．

- ▶ CAN ビットレート選択（B）
- ▶ モニタ開始（S）（タイムスタンプのカウンタをリセット）
- ▶ モニタ終了（E）

　CAN ビット・レートは MCP2515 の発振子（クリスタル使用）を 16MHz にして，1 CAN ビットを 16TQ（固定）として，125kHz，250kHz，500kHz の三つから選択するようにしてあります．パワー・オン時のデフォルトは 125kHz です．BRP レジスタへ設定する値は**表2-1**を参照してください．ビット・パラメータを変更して CAN ビット・タイムを 16TQ 以外にすることで，ほかのビットレートにも設定できますが，今回は 16TQ に固定とします．

## ● シリアル送信データ

　シリアル通信で PC へ送信するデータのフォーマットは，**表7-1**のようになっています．送信データは ASCII 文字列ですので，PC 側では Windows ハイパーターミナルなどのターミナル・ソフトでも受信できます．

## ● タイムスタンプ機能

　0.1秒単位と分解能は低いですが，測定からの経過時間（分，秒）をメッセージ受信時に読み出して，それを PC へメッセージと一緒に送るようにしてあります．

　割り込み周期を短くすれば，分解能は上げられますが，ソフトウェアで処理している関係で，受信を検知してからタイムスタンプ用のカウントを読み出すまでにタイムラグがあるため，あまり分解能を高くしてもそれに見合う精度は得られないと考えました．

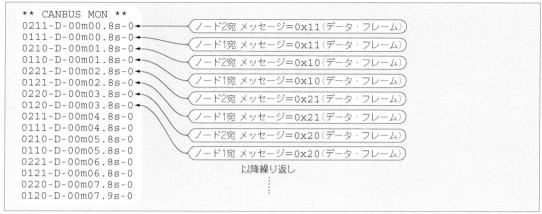

（a）ログ表示例

（b）表示データのフォーマット

**図7-2　バス・モニタの出力例**
第5章のプロジェクト002の実測例．ノード1と2が1秒周期で交互にデータをやり取りしていることが確認できる．
データ・フィールドがある場合は，データ数に続けて1バイトにつき16進数2文字で表示される（最大8バイト）．

　分解能が低くて複数のメッセージで同じタイムスタンプ値になったとしても，順序は正確です（同時に複数のメッセージはバス上に出力されないため）．

　0.1秒はPIC内蔵のTIMER1とCCP1を組み合わせてコンペア・モードで動作させ，100ms周期で割り込みを発生させます．割り込み処理では，分，秒，0.1秒のカウンタをカウントさせ，メッセージ受信時にこのカウンタの値を読み出して，それをPCへ送信します．

## ● 使用方法

　バス・モニタ（本器）以外に少なくとも二つのノードが必要です．バス・モニタはリスン・オンリ・モードで動作しているため，これを一般のノードとして扱うことはできません．なぜなら，バス・モニタはエラー検出時のエラー・フレームの送出や，ACKの応答などの送信活動を一切行わないためです．

　本器は通常のノードと同じようにCANバスへ接続します．PCとシリアルで接続して電源を入れるとすぐに動作を始めます．最初のタイムスタンプは電源を入れたときからの経過時間ということになります（初期化処理のタイムラグあり）．

　ここで，ほかのノードを動作させると，ノード間のメッセージの内容がPCへ表示されます．

　いったん「モニタ停止」コマンドをPCから送信して，「モニタ開始」コマンドを送信すると，タイ

**リスト7-1 CANバス・モニタの初期化処理**

```
//  CAN関係 初期化 マスク、フィルタ 不使用
CANInit(CAN_BRP_16MHz_125KBPS);      // CLOCK 16MHz CAN 125kbps
CANSetFilterRxB0(3);                 // RXB0でフィルタ、マスクは使用しない
CANSetFilterRxB1(3);                 // RXB1でフィルタ、マスクは使用しない

// 受信バッファのロールオーバを許可
CANBitModCmd(RXB0CTRL, 1<<BUKT, 1<<BUKT);
// リスン・オンリ・モード
CANSetOpMode(CAM_MODE_LISTEN);
(中略)
EI_PERIP;          // ペリフェラル割り込み許可
EI_CCP1;           // CCP1割込み許可
EI_GLOBAL;         // グローバル割り込み許可
```

**リスト7-2 CCP1の割り込み処理**

```
(CCP1割り込み処理の該当部分のみ抜粋)
SubCount++;                // 0.1秒カウンタ
if(SubCount == 10) {       // 1秒フラグ
    Flag1Sec = true;
    SubCount = 0;
    Sec++;                 // 秒カウンタ
    if(Sec == 60) {
        Sec = 0;
        Min++;             // 分カウンタ
    }
}
```

ムスタンプのカウンタがクリアされて，モニタが始まります．

実際にモニタリングした際のターミナル・ソフト画面のハードコピーを**図7-2**に示します．

---

## 7-3  制御ソフトウェアのプログラム

### ● プログラムの構造

プログラムの構造は，基本的には，第5章の実験で使用した実験プログラムがベースになっています．

唯一違うところは，MCP2515の初期化完了時に同デバイスのオペレーション・モードを「ノーマル・モード」ではなく，「リスン・オンリ・モード」に設定することです．

メッセージの受信に関しては，フィルタ，マスクなしですべてのメッセージを受信し，受信したメッセージをシリアルで送信します．その他，シリアル・コマンドの受信処理として，CANビットレートの設定と，モニタの開始，終了の処理を加えます．受信バッファに関しては，前述のようにロールオーバ・オプションを有効に設定しています．

## ● 初期化処理

MCP2515の二つの受信バッファをダブル・バッファとして利用するためにロールオーバ・オプションを有効に設定し，最後にオペレーション・モードを「リスン・オンリ・モード」に設定します．また，CCP1の割り込みを許可しておきます．該当部分のコードを**リスト7-1**に示します．

## ● タイムスタンプ用タイマ

タイムスタンプを採るためにPIC内蔵のTIMER1とCCP1をコンペア・モードで利用しています．本当はもう少し，分解能を上げたい気もしますが，SYNC信号を使って割り込みで測定タイミングを得るなどの対策をしないと，分解能を上げても正確な測定はできないような気がするので，今回は，0.1sec単位でおおよその目安として使えることを前提としました．

実際の処理としては，100msの周期でCCP1割り込みを発生させ，そこで，分，秒，0.1秒のカウンタをカウントし，メッセージ受信時にそのカウンタから値を取り出してCANメッセージと一緒にPCへ送信します．

TIMER1とCCP1の分周の関係は次のようになっています．

$$20\text{MHz} \times \frac{1}{4} \times \frac{1}{8} \times \frac{1}{62500} = 10\text{Hz}$$

このときのタイマ関係のパラメータは，次のように設定します．

TIMER1のプリスケーラ …… 1/8
CCP1のコンペア値（CCPR1）= 62500

CCP1はコンペア・モードに設定しコンペア・マッチ時にTMR1をクリアするように設定します．割り込み処理は**リスト7-2**のようになっています．

SubCountは0.1秒ごと，Secは1秒ごと，Minは1分ごとにカウントされるグローバル変数です．これらのカウンタをCANメッセージ受信時に読み出して利用します．

## ● シリアル・コマンド処理

シリアル通信で受信した文字は1文字ずつコマンド・バッファへ蓄えられ，デリミタ(¥r¥n)が送られてきたときにコマンド文字列の終わりと判断して，その内容をコマンド実行処理に渡します．

受信した文字をコマンド処理へ渡す部分のコードを次に示します．

```
CmdProc(GETC());
```

GETC()は受信した文字を取り出す関数で，WIZ-Cの場合は，WaitRx()，CCS-Cの場合はgetc()となります．

CmdProc()は受信した文字を1文字ずつコマンド・バッファCmdBuf[]へ蓄積して，デリミタを受信したときにコマンド実行処理SerCmdExec()をコールします．

コマンド実行処理SerCmdExec()では，コマンド・バッファCmdBuf[0]でコマンドを判別し，所定の処理を実行します．SerCmdExec()のコードのアウトラインを**リスト7-3**に示します．

各コマンドの処理の内容は次項で説明します．

このSerCmdExec()がコールされた時点では，CmdBuf[0]にコマンド文字，CmdBuf[1]以

**リスト7-3　コマンド判定処理**

```c
void SerCmdExec(void) {
    （中略）
    cmd = toupper(CmdBuf[0]);       // 1文字目を大文字に変換
    switch(cmd) {
        case 'B':                   // ビットレート設定コマンド
            （ビットレート設定処理）
                break;
        case 'S':                   // モニタ開始コマンド
            （モニタ開始処理）
                break;
        case 'E':                   // モニタ終了コマンド
            （モニタ終了処理）
                break;
        default:
                break;
    }
}
```

降にパラメータ文字列が格納されています．コマンド文字によりswitch-case文で処理を切り替えています．

## ● ビットレート設定処理（コマンド処理）

MCP2515のビットレートを再設定します．該当部分のコードを**リスト7-4**に示します．

最初にCANSetOpMode(CAM_MODE_CONFIG)マクロでオペレーション・モードをコンフィギュレーション・モードに設定し，切り替わったかどうかをCANSTATレジスタを読み出して確認します．ほとんどないはずですが，タイミングによってはメッセージ送出途中で切り替えに時間がかかり，すぐに切り替わらない可能性もあるため，切り替えが完了していないときは，最大10回まで同レジスタを読み直すようにしています．

CANReadReg(CAN_CNF1)マクロでCNF1レジスタの内容をワーク変数へ読み出し，そこでBRPフィールドの内容を書き換えて再びCNF1レジスタへ書き戻します．

変更後に確認のために設定したボーレートをPCへ送信します．

最後に，CANSetOpMode(CAM_MODE_NORMAL)でノーマル・モードに戻しておきます．

## ● モニタ開始処理（コマンド処理）

タイムスタンプ用のカウンタをクリアして，オペレーション・モードをリスン・オンリ・モードに設定してモニタリングを再開させます．

タイプスタンプ用カウンタ，TIMER1のクリアの際には割り込み処理で値が書き換わらないように，割り込みを禁止しておく必要があります．

## ● モニタ終了処理（コマンド処理）

モニタリングを終了させます．

**リスト7-4 ビットレート再設定コマンド**

```
CANSetOpMode(CAM_MODE_CONFIG); // コンフィギュレーション・モード

// コンフィギュレーション・モードに切り替わったことを確認
// 失敗時に最大10サイクルまで待つ
for(i = 0; i < 10; i++) {
    reg = CANReadReg(CANSTAT);
    if((reg >> 5) == CAM_MODE_CONFIG) {
        change = true;
        break;                       // 切り替え完了
    }
}
if(change) {
    // 切替完了時
    reg = CANReadReg(CAN_CNF1); // CNF1読み出し
    p_cnf1 = &reg;
    ch = CmdBuf[1];
    if(ch == '2') {
        // 500kHz 16TQ, 16MHz
        p_cnf1->BRP = CAN_BRP_16MHz_500KBPS;
        strcpy(StrBuf, "500K ");
        PUTSTR(StrBuf);
    } else if(ch == '1') {
        // 250kHz 16TQ, 16MHz
        p_cnf1->BRP = CAN_BRP_16MHz_250KBPS;
        strcpy(StrBuf, "250K ");
        PUTSTR(StrBuf);
    } else {
        // 125kHz 16TQ, 16MHz
        p_cnf1->BRP = CAN_BRP_16MHz_125KBPS;
        strcpy(StrBuf, "125K ");
        PUTSTR(StrBuf);
    }
    CANWriteReg(CAN_CNF1, reg);      // CNF1更新
    CANSetOpMode(CAM_MODE_LISTEN);   // リスン・オンリ・モード
    change = true;
}
```

　適当な方法を思いつかなかったので，MPC2515のオペレーション・モードをコンフィギュレーション・モードに設定することで，モニタリングを停止させています.

## 7-4　CCS-Cのシリアル送信ドライバ

### ● 送信処理について

　よく使われるシリアル通信の処理では，受信には割り込みやリング・バッファを使いますが，送信処理では割り込みも使わずに1バイトずつ送信するということが多いと思います．通常，受信データの取りこぼしを防ぐために割り込み駆動にしますが，送信の場合は送信側主導のため，送信に時間が

**リスト7-5 CCS-C リング・バッファを使用したシリアル送信処理**

```
#define TXBUFSIZE 32          // 送信リング・バッファのバイト数
char TxBuf[TXBUFSIZE];        // 送信リング・バッファ
BYTE TxInPtr = 0;             // 挿入ポインタ
BYTE TxOutPtr = 0;            // 取り出しポインタ
BYTE TxSize = 0;             // リング・バッファ内の送信残バイト数

void AddTx(char ch) {
    while(1) {
        DI_GLOBAL;                          // 割り込み禁止
        if(TxSize < TXBUFSIZE) {
            TxBuf[TxInPtr] = ch;            // リング・バッファへ1文字挿入
            TxInPtr = (TxInPtr + 1) % TXBUFSIZE;    // 次のポインタへ進める
            TxSize++;                       // 残りバイト数を+1
            EI_TX;                          // 送信割り込み許可
            EI_GLOBAL;
            return;
        }
        EI_GLOBAL;                  // いったん割り込みを解除して「空」待ち
    }
}
```

かかる以外はとくに問題はないので，簡易的に済ませてしまうことが多いと思います．

ただ本器のように，送信に時間がかかり，その間にCANデータの受信ができなくなってしまうと，モニタの機能としては致命的な欠陥になってしまいます．そこで，今回は，独自にリング・バッファ使用の割り込み駆動型の送信ドライバを作成しました．なお，WIZ-Cのライブラリでは送信処理にもリング・バッファ付き割り込み駆動型となっているため，とくに何もする必要はありません．

## ● リング・バッファの動作概要

アプリケーションから見ると，送信処理はリング・バッファへの送信データの挿入ということになります．文字列を送信する場合も文字列をまとめてリング・バッファへ挿入するだけです．

シリアル送信のドライバから見ると，リング・バッファにデータがある場合は，文字を1文字ずつ取り出して送信します．その際，送信が可能かどうかを，割り込みを使って判断するわけです．1バイト送信すると，送信バッファが空になったことを知らせる割り込みが発生し，その割り込みで次の1文字をリング・バッファから取り出して，再び送信します．これら一連の処理を，リング・バッファが空になるまで繰り返します．

## ● 送信ドライバ関係の関数

リング・バッファへ1文字挿入する関数を定義します．WIZ-Cに合わせてAddTx()とします．この関数のコードをリスト7-5に示します．

文字の挿入処理は，割り込み処理で残データ数などの変数の内容を書き換えられないように，割り込み禁止で実行する必要があります．なお，送信バッファ「空」割り込み（TXIF）は，USARTの送信

**リスト7-6 CCS-Cシリアル送信の割り込み処理**

```
#int_TBE
void  TBE_isr(void) {
    if(TxSize > 0) {                              // 残りバイト数をチェック
        ch = TxBuf[TxOutPtr];                     // リング・バッファから1文字取り出し
        TXREG = ch;                               // 1文字送信
        TxOutPtr = (TxOutPtr + 1) % TXBUFSIZE;    // 次のポインタへ進める
        TxSize--;                                 // 残りバイト数を−1
    } else {
        DI_TX;                                    // 送信バッファ「空」の割り込み禁止
    }
}
```

データ・バッファTXREGが空の場合，セットされたままになり，割り込みを許可するとすぐに割り込みが発生します．TXIFはTXREGにデータをロードしない限りリセットされないため（ソフトウェアでのリセットは不可），送信データがない状態（アイドル時）で同割り込みを許可すると，割り込みがかかりっぱなしになり，ほかの処理ができなくなってしまいます．そのようなことを防止するため，データがない場合はこの割り込みは禁止しておかなければなりません．

一連の処理はwhileブロックの中にありますが，これはリング・バッファが満杯で，データがそれ以上挿入できないときに，空ができるのを待つための措置です．リング・バッファに空がある場合には，ループすることなくすぐに関数を終了しますが，空がないときには，いったん割り込みを許可して，割り込みルーチンを動作させ，リング・バッファに空ができるまでループします．ループのたびに割り込みの禁止，許可を繰り返すことに注意してください．

割り込み処理は**リスト7-6**のようになっています．リング・バッファから1文字取り出してそれをTXREGにロードして送信し，ポインタと残りバイト数を更新します．リング・バッファに残データがない場合は，自ら割り込みを禁止していることに注意してください．

## 7-5　CCS-Cのシリアル受信ドライバ

### ● 受信処理について

送信処理でリング・バッファ駆動のものを作ったので，ついでに受信処理のほうもリング・バッファ使用の割り込み駆動型のドライバを作成しました．WIZ-Cと同じ形（Occurrenceというイベント駆動型）でも使えるようにしてあるため，WIZ-Cと互換性の高いコードが使えます．

### ● リング・バッファの動作概要

シリアル・データを受信すると，受信バッファ・フルの割り込みが発生します．その割り込みルーチンで，リング・バッファへ受信データを挿入します．また，受信があったことを割り込み外の処理に伝えるためにフラグ（SerRxOccur）をセットします．これがイベント・フラグとなります．

アプリケーション側では，イベント・フラグをポーリングするなどして受信を検知し，リング・バッファから受信データを取り出して利用します．

**リスト7-7 CCS-Cシリアル受信の割り込み処理**

```c
#define RXBUFSIZE 32         // 受信リング・バッファ・サイズ
char RxBuf[RXBUFSIZE];       // 受信リング・バッファ
BYTE RxInPtr = 0;            // 挿入ポインタ
BYTE RxOutPtr = 0;           // 取り出しポインタ
BYTE RxSize = 0;             // リング・バッファ上の残バイト数
BYTE SerRxOccur = false;     // 受信があったことを知らせるイベント・フラグ

#int_RDA
void RDA_isr(void) {
    if(RxSize < RXBUFSIZE) {
        RxBuf[RxInPtr] = RCREG;                  // 受信データの取り出し
        RxInPtr = (RxInPtr + 1) % RXBUFSIZE;     // 次のポインタへ進める
        RxSize++;                                // 残りバイト数を+1
        SerRxOccur = true;
    }
}
```

**リスト7-8 CCS-Cシリアル受信（データ取り出し）の処理**

```c
char WaitRx(void) {
    char dat;

    while(1) {
        DI_GLOBAL;                              // 割り込み禁止
        if(RxSize > 0) {
            // 受信データがあるとき
            dat = RxBuf[RxOutPtr];              // 受信データ取り出し
            RxOutPtr = (RxOutPtr + 1) % RXBUFSIZE;   // ポインタ更新
            RxSize--;                           // 残数更新
            EI_GLOBAL;                          // 割り込み許可
            return dat;                         // 戻り値
        }
        EI_GLOBAL;              // いったん割り込みを解除して受信待ち
    }
}
```

## ● 受信ドライバ関係の関数

まず，受信割り込みルーチンのコードを**リスト7-7**に示します．

USARTがデータを受信すると，受信バッファ「フル」の割り込み（RCIF）が発生して，割り込みルーチンRDA_isr()がコールされます．

このルーチンでは，リング・バッファに空がある場合，受信データをRCREGレジスタから取り出して，それをリング・バッファへ挿入します．ポインタと残バイト数を更新したあと，SerRxOccurフラグをセットします．このフラグについては，次項の「受信Occurrence」で説明します．

受信したデータをリング・バッファから取り出す処理は，**リスト7-8**のような関数になっています．

**リスト7-9　CCS-C シリアル受信Occurrenceの呼び出し部分**

```
void main() {
    UserInitialise();                   // 初期化処理
    // メイン・ループ
    while(1) {
        if(SerRxOccur) {
            GetRxData();                // Occurrence関数
            SerRxOccur = false;         // フラグのクリア
        }
        UserLoop();                     // ユーザ・ループ処理
    }
}
```

　処理内容は，割り込みルーチンに干渉されないようにいったん割り込みを禁止して，リング・バッファからデータを取り出します．そのあと，ポインタと残バイト数を更新して割り込みを許可し，取り出したデータを関数の戻り値として関数を終了します．

　この関数にはwhile文が入っていますが，これは，WIZ-Cの関数と同じように，リング・バッファが空の場合に受信を待つためのもので，リング・バッファにデータがある場合は，ループすることなくすぐに処理を終了します．ループのたびに割り込み禁止，許可を繰り返すのは，ループの中で割り込みを許可して受信割り込み処理が動作できるようにするためです（受信割り込み処理が実行されないと，永遠にループから抜けない）．送信処理でも同様のことをしています．

　Occurrence関数（後述）からコールされた場合は，すでにリング・バッファにデータがあるためループしません．

　なお，受信割り込みは送信のときとは違い，常時許可状態にしておく必要があります．

## ● 受信Occurrence

　Occurrenceとは「発生」という意味ですが，いわゆるイベントと同じような意味で使われています．Windowsではイベントという用語が使われますが，WIZ-CではOccurrenceという用語が使われています．

　本書でOccurrenceと呼んでいるものは，簡単にいうと何らかの事象が発生したときに実行される関数のことです．今回の場合は，シリアル通信でデータを受信したときに実行される関数（イベント・ハンドラ）のことを指します．筆者は，関数という意味を明確にするために「Occurrence関数」と呼んでいます．

　CCS-Cでもこのような形態でプログラムが作れるようにしました．といっても，メイン・ループでOccurrenceのフラグをポーリングして，フラグがTrueのときにOccurrence関数をコールするだけのことです．この部分のコードは**リスト7-9**のようになっています．

　このメイン関数は，WIZ-Cと互換性をもたせるために，初期化とループ処理を関数にしてあります．メイン・ループの中にOccurrenceのポーリング処理が組み込まれています．SerRxOccurは，前項で述べた，受信割り込み発生時にセットされるフラグです．このフラグがセットされていることは，受信があり，リング・バッファに少なくとも1バイトのデータが格納されていることを表し

**リスト7-10　CCS-Cループ・バック処理の例**

```
void GetRxData(void) {
    char ch;
    ch = WaitRx();          // 受信データを取り出して
    AddTx(ch)               // それを送信する
}
```

**リスト7-11　CCS-C "kbhit()" 的な受信処理の例**

```
main() {
    (中略)
    if(GetRxSize() > 0) {
        // 受信データがあるとき
        ch = WaitTx();                      // 受信データ取り出し(ウェイトはしない)
        :
    }
    (中略)
}
```

ています．このフラグがセットされている場合は，Occurrence関数のGetRxData()がコール
されます．この関数の中に受信した文字を取り出し，それを利用する処理コードを記述します．

　本来は，あえてこのような形にする必要もないのですが，本書では，WIZ-Cのコードを極力無修
正で再利用できるように考慮してあるため，このようにしています．この方法は，リアルタイムOS
の原型と言えるものです．

　当然のことながら，関数化しないで，コードをべた書きしても問題ありません．GetRxSize()
という受信データ数を取得する関数も用意してあるので，CCS-Cのkbhit()のような使い方も可能
です(**リスト7-11**)．

　先の送信処理と併せて，受信データをループバックするOccurrence関数のコード例を**リスト
7-10**に示します．この関数は見かけ上，メイン・ループ処理[UserLoop()関数]とは無関係に動
作します．

　Occurrence関数を使わない方法は**リスト7-11**のようになります．受信データがあることを
GetRxSize()で確認してからWaitTx()をコールしているので，WaitTx()はウェイトなしで
すぐにデータを返します．

## 7-6　バス・モニタ制御用のWindowsアプリケーション

　バス・モニタは前述のように，ターミナル・ソフトで制御可能ですが，より簡単に使用できるよう
にWindows上で動作する専用のフォーム・アプリケーションを作成しました．

### ● Windowsアプリケーションの開発ツール

　アプリケーションの開発は，マイクロソフト社が無償で提供しているVisual C#(Express Edition)

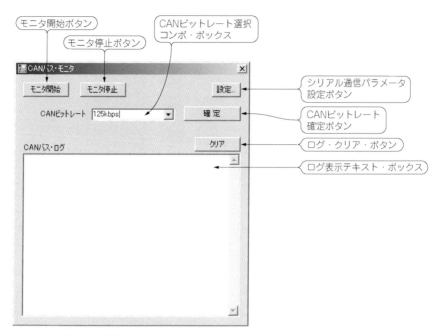

モニタ開始ボタン

モニタ停止ボタン

CANビットレート選択
コンボ・ボックス

シリアル通信パラメータ
設定ボタン

CANビットレート
確定ボタン

ログ・クリア・ボタン

ログ表示テキスト・ボックス

**図7-3　CANバス・モニタ制御アプリケーション**
制御アプリケーションのメイン・ウィンドウ．受信したログ・テキストは画面中央のログ表示テキスト・ボックスへ順
次表示される．
「設定...」ボタンをクリックするとシリアル通信パラメータの設定ウィンドウがオープンする．

を利用します．Visual C#はVisula Studio 200X（Express Edition）の構成プロダクツの一つです．

　Visual Basicを使ってもよいのですが，筆者がBasicはあまり好きではないので，C言語に近いC#
言語で作成しました．なお，C#とVisual Basicはよく似ているので，比較的簡単に移植が可能です．
参考文献(1)にはVisual Basicで類似のプログラムを作成しているので，Visual Basicで作りたい方は
そちらを参考にしてください．

## ● シリアル通信のWindowsライブラリ

　これまで，Windowsアプリで非同期シリアル通信（いわゆるRS-232C）を使うのは，結構面倒でし
たが，.NET Framework2.0からSerialPortクラスがサポートされるようになり，簡単にシリア
ル通信が使えるようになりました．現在，最新の.NET FrameworkはVer.3.5になっていますが，引
き続き，SerialPortクラスが使用できます．

　.NET Frameworkがまだインストールされていない場合は，Visual Studioをインストールすると
自動的にインストールされます．

　インストールや使い方については省略しますので，参考文献(1)，参考文献(2)などを参照してくだ
さい．

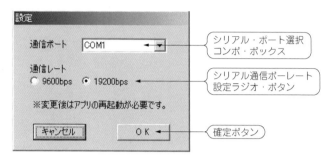

**図7-4　通信パラメータ・ウィンドウ**
シリアル通信のパラメータを設定するウィンドウ．ポート番号とボーレートが変更できる．設定を変更した場合は，アプリケーションの再起動が必要．

## ● アプリケーションの仕様

　アプリケーションの外観は**図7-3**のようになっています．三つのシリアル・コマンドがそれぞれのボタンにアサインされていて，ボタンをクリックすると，シリアル通信でコマンドが送信されるようになっています．

　受信したログ内容は，画面下のテキスト・ボックスへ表示されます．

　**図7-4**は通信パラメータを設定するダイアログ・ボックスの外観です．通信ポート番号とボーレートが設定できます．

## ● シリアル・ポートの初期化

　シリアル通信を行う前にボーレートなどの通信パラメータを設定して，シリアル通信ポートをオープンしておく必要があります．この処理は，メイン・フォームがロードされるときに実行します．該当部分のコード(抜粋，簡略化)を**リスト7-12**に示します．

　なお，SerialPortクラスを使うには，VC# IDEのデザイナでSerialPortコントロールをフォームに登録しておく必要があります．serialPort1はSerialPortコントロールのインスタンス(実体)で，コントロールを登録すると自動的に生成されます．

## ● シリアル・ポートの終了処理

　アプリケーションを終了するときは，シリアル・ポートを開放して，ほかのアプリケーションが使えるようにしなければなりません．この処理は，メイン・フォームがクローズするときに実行します．該当部分のコード(抜粋，簡略化)を**リスト7-13**に示します．

## ● シリアル通信の送信処理

　送信は，SerialPortコントロールのWriteLineメソッドを使います．実際のコードの例を次に示します．

```
serialPort1.WriteLine("M\r\n");        // 'M'コマンド送信
```

**リスト7-12　シリアル・ポートの初期化**

```
// フォーム・ロード・イベント・ハンドラ
private void Form1_Load(object sender, EventArgs e) {
    // シリアル・ポート名を設定
    serialPort1.PortName = "COM1";
    // ボーレート設定
    serialPort1.BaudRate = "19200";
    // シリアル・ポートをオープン
    serialPort1.Open();
}
```

**リスト7-13　シリアル・ポートの終了処理**

```
private void Form1_FormClosed(object sender, FormClosedEventArgs e) {
    // シリアル・ポートをクローズ
    serialPort1.Close();
}
```

## ● シリアル通信の受信処理

　受信そのものは簡単なのですが，受信したデータを，受信したタイミングでテキスト・ボックスなどのビジュアル・コントロール（フォーム上で目に見えるコントロール）に表示させるような場合は少々面倒です.

　受信時は，SerialPortコントロールのデータ受信イベント・ハンドラserialPort1_DataReceived()が実行されるため，その中で受信したデータを使った処理を記述すればよいのですが，ここで直接ビジュアル・コントロールを操作することはできません（スレッド・セーフでないため）.

　これを実現するために，デリゲートというコールバック関数のようなものを利用して，Windowsが制御するタイミングでビジュアル・コントロールを操作する必要があります.

　該当部分のコードを思いっきり簡略化して**リスト7-14**に示します.

　データを受信したときに，serialPort1_DataReceived()イベント・ハンドラがコールされ，この中で，デリゲートをインスタンス化します. このとき，「受信メソッド」SetText()をデリゲートとして登録しています. 実際にテキスト・ボックスへ文字を追加する処理は，SetText()で行います. このようにすることで，スレッド・セーフなコードになります. デリゲートなどに関しては，参考文献(1)，参考文献(2)などを参照してください.

## ● その他の処理

　ボタン操作は，ボタン・クリックのイベント・ハンドラにコマンドに応じたシリアル・コマンドの送信処理を入れるだけです.

　CANビット・レートの設定ボタンは，ラジオ・ボタンで選択されているビットレートに応じたパラメータをシリアル送信するようになっています.

　詳細はソース・コードを参照してください.

リスト7-14　シリアル受信関係の処理

```
// デリゲート型オブジェクトを定義
delegate void SetTextCallback(string text);

// シリアル受信イベント・ハンドラ
private void serialPort1_DataReceived(object sender, System.IO.Ports.
                        SerialDataReceivedEventArgs e) {
    while(serialPort1.BytesToRead > 2) {
            // 3文字以上受信バッファにデータがある場合
            // 1行読み出し
            string str = serialPort1.ReadLine();
            // デリゲートのインスタンス化
            SetTextCallback d = new SetTextCallback(SetText);
            textBox1.Invoke(d, new object[] { str });
    }
}

// 受信メソッド
private void SetText(String str) {
    // テキスト・ボックスへ受信した文字列を追加
    textBox1.AppendText(str);
}
```

"setText"をデリゲートとして登録

setTextに渡す引数

## ● Windowsアプリケーションの操作について

　操作については，ターミナル・ソフトでコマンドを入力する代わりに，ボタンのクリックによってワンタッチでコマンドが送信できるようになっただけですので，説明するまでもないと思います．

　CAN通信のログ・データはテキスト・ボックスに表示されますが，内容をコピー（マウスの右ボタン・クリックで操作可能）してテキスト・エディタなどに貼り付ければ，内容を取り出すことができます．

---

### Column…7-1　NI社のCANデバイス

#### ● USB-8473sについて

　市販品のCANデバイスとしてナショナルインスツルメンツ社（以下NI社）のUSB-8473sという機材を借用できることになったので，このデバイスについて簡単に紹介します．

　NI社のCAN関係のデバイスには，PCI-CAN（PCIカード），PCMCIA-CAN（PCMCIA接続），USB-CAN（USB接続）などのラインナップがあります．今回試用したのはUSB-CANのUSB-8473sという機種です．写真7-AはUSB-8473s本体の写真です．

　これらのCANデバイスは，NI社の開発ツールやリソースを使って，WindowsやLabVIEW（NI社の統合開発環境ツール）で制御するアプリケーションを作成することができます．

　アプリケーションの開発用リソースとして，マイクロソフト社のVisual C++やボーランド社のBolandC/C++といったコンパイラ用のAPIや，LabVIEW用のAPIが用意されています．また，LabVIEWを使って計測や集計，統計などのデータ解析も行えます．

　USB-8473sを使用するためには，あらかじめ

デバイス・ドライバとLabVIEWのインストールが必要ですが「NI デバイスドライバ」をインストールすると，自動的にLabVIEWもインストールされます．

USB-8473sの電源はUSBから供給されるため，CANバスに接続するケーブルを用意するだけでCANバスに接続できます．

● LabVIEW

今回，内容が多岐にわたるためLabVIEWについては触れていませんが，このアプリケーションは，CANに限らず，NI社のほかのデバイスでの計測や，計測結果の統計や解析を行ったり，ビジュアルにアプリケーションが開発できるプラットホームとなっています．また，別売のディジタル・フィルタ開発ツールやPID制御ツールといった開発キットのプラットホームにもなっています．

● MAX（Measurement & Automation Explorer）

今回使用するのは，MAX（Measurement & Automation Explorer）というアプリケーションで，説明によると「ナショナルインスツルメンツの製品へのアクセスを提供する」となっています．こ

れだけではなんのことかわかりませんが，もう少し具体的にいうと，NI社の各種計測機器のソフトウェアの管理や起動，デバイスの設定，管理などを行うソフトウェアということです．

今回はCANデバイスを接続して，バス・モニタとして使用することに限定して，アプリケーションの使い方を簡単に説明します．

LabVIEWのインストール後，スタート・メニューから“Measurement & Automation”を起動すると図7-Aのようなウィンドウが表示されます．左側に「構成」というツリー・ビューがあります．その中の「デバイスとインターフェース」を展開すると“USB-8473s”という項目があります．これをクリックすると中央のペインにシリアル番号，シリーズ名，テスト・ステータスが表示されます．同ペインの上側にある「自己テスト」タブをクリックすると，USB-8473sの自己テストを実行し，正常に終了すると，「テストステータス」の値が「成功」に変わります．これで，デバイスが正常に接続され，機能していることが確認できます．

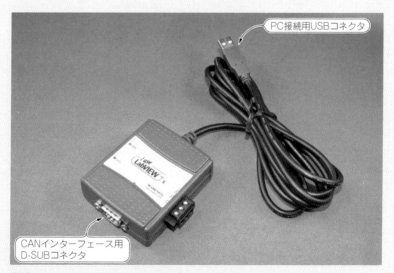

PC接続用USBコネクタ

CANインターフェース用
D-SUBコネクタ

**写真7-A USB-8473s**
NI社のCANコントローラ USB-8473sの外観の写真．PCとはUSBで接続する．

## Column…7-1　NI社のCANデバイス（つづき）

次にツリー・ビューの"USB-8473s"の下（'+'マークをクリックして項目を展開）の"CAN0"という項目をクリックします．"CAN0"というのは，USB-8473sに付けられた論理デバイス名で，複数のUSB-8473sがつながっていると，"CAN1"，"CAN2"…というようにアサインされます（多分）．

この操作で中央のペインに図7-Bのような画面に変わります．ここでは，デバイスの情報が表示

**図7-A　MAXの起動画面**

**図7-B　デバイスの情報の表示**

されています．上側に「バスモニタ」と「プロパティ」という項目があります．「プロパティ」をクリックすると，図7-Cのようなウィンドウが開きます．ここでCANボーレートが変更できます．

同ウィンドウの「上級」ボタンをクリックすると図7-Dのように変化します．右側にさらに詳細なパラメータが設定できるように項目が追加されます．"USB-8473s"は，CANコントローラにフィリップス社のTJA1041というデバイスを使用していますが，それらのレジスタを直接設定できるもののようです．

"SEG1"や"BRP"などはMCP2515でも聞き覚えのある名称で，CANビット・タイムを設定するものだと想像がつきます．通常は，こららの設定は変更する必要はないでしょう．ボーレートは今回接続する機器に合わせて125kbpsに設定しておきます（図7-C）．

● CANバス接続用ケーブルの製作

自前のCANバスにUSB-8473sを接続するためには，ケーブルを製作する必要があります．USB-8473sは標準的なD-SUB 9ピン，オスのコネクタが搭載されていて，そこからCAN信号が

取り出せるので，リード線をはんだ付けできるタイプのD-SUB 9ピンのメスで簡単に製作しました．

接続する信号は "CAN_H" と "CAN_L" の2本だけです．ほかのラインは電源とシールドなので，今回は使用しません．ピン配置は次の図7-Eのようになっています．

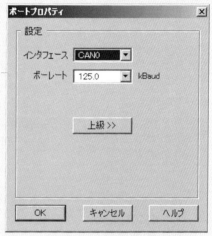

図7-C　ボーレートは125kbpsに設定

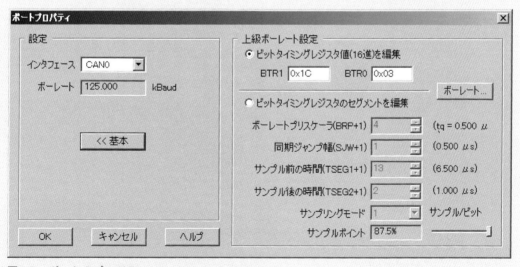

図7-D　ポートのプロパティ

● バス・モニタの使用

図7-Bの画面の中央ペインの「バスモニタ」の
タブをクリックすると図7-Fのようなウィンドウ
が開きます（この図はすでに測定を開始したあと
のもの）．これがお目当てのバス・モニタです．
とりあえず，USB-8473sに自作機器を接続して
電源を入れて実行させてみます．

このウィンドウが起動した時点で，すでにバ
ス・モニタは動作していますので，CANノード
の電源を入れて通信が始まるとすぐに図7-Fのよ
うなメッセージのリストが表示されます．

表示は時系列にメッセージが表示されるのでは
なく，メッセージごとに何回送受信があったかと，
最後に受信した時点でのタイムスタンプを表示す
るようになっています．すでに受信しているメッ
セージを再び受信すると，タイムスタンプと受信

カウント数[#（合計）欄の値]が更新されます．

オプション設定を切り替えて，ファイルに保存
するようにしておくとリスト7-AのようなCSV
テキスト形式で時系列にメッセージが保存されま
す．

"Arb ID"はCANバス上に送出されたメッセー
ジ（ここではSID値）です．

この通信例ではデータ・フィールドがない
（DLC = 0）のため，「データ」列は空欄ですが，
データがある場合は，この列にデータが表示され
ます．「時間」はバス・モニタが起動した時点から
始まる，メッセージ受信時のタイムスタンプです．

**リスト7-A　測定結果のCSVファイル**

```
Arb ID 時間 データ
0x211 10.1867
0x111 10.1887
0x210 11.1828
0x110 11.1848
0x221 12.1789
0x121 12.1808
0x220 13.1749
0x120 13.1769
0x211 14.1710
0x111 14.1729
0x210 15.1670
0x110 15.1690
0x221 16.1631
0x121 16.1650
 :
 :
```

**図7-E　USB-8473sのコネクタ結線**
USB-8473s側のD-SUB9Pコネクタ（オス）のピン配
置図．
接続が必要なのは，CAN_H，CAN_Lの2本だけ．

| Arb ID | 長さ | データ | タイムスタ… | レート | dt最小 | dt最大 | #（合計） |
|--------|------|--------|-----------|-------|--------|--------|---------|
| 0x110 | 0 | | 45.9191 | 0.25 | 4.000 | 4.000 | 6 |
| 0x111 | 0 | | 44.9191 | 0.25 | 4.000 | 4.000 | 6 |
| 0x120 | 0 | | 43.9192 | 0.25 | 4.000 | 4.000 | 5 |
| 0x121 | 0 | | 42.9191 | 0.25 | 4.000 | 4.000 | 5 |
| 0x210 | 0 | | 45.9159 | 0.25 | 4.000 | 4.000 | 6 |
| 0x211 | 0 | | 44.9159 | 0.25 | 4.000 | 4.000 | 6 |
| 0x220 | 0 | | 43.9160 | 0.25 | 4.000 | 4.000 | 5 |
| 0x221 | 0 | | 42.9160 | 0.25 | 4.000 | 4.000 | 5 |

**図7-F　バス・モニタ画面**

# 第8章

## CAN機器の応用装置を作る

# シリアル-CANブリッジの製作

CAN機器の応用例として，PCからの操作でCANバスへメッセージを送信したり，受信したメッセージをPC側で表示させることができるブリッジを製作します．

## 8-1　シリアル-CANブリッジの機能

### ● 機能の概要

本器はPCとUSBやRS-232Cインターフェースで接続して，PC側の操作でCANバスへデータを送出したり，CANバスからデータを受信してそれをPC上で表示させたりするためのものです．ほかのCANノードのデバッグの際など，PCからの操作でノードを動作させ，動作を確認するのに使用します．また，シリアル通信でコマンドを送受信して制御するようなWindowsアプリケーションを作成すれば，そのアプリケーションからほかのCANノードを操作することもできます．

### ● PCとのインターフェース

PCとシリアル-CANブリッジ（以下CANブリッジ）との通信はシリアル通信で行います．今回は，非同期シリアルとUSBを相互に変換できるUSB変換ボードを使って，PCとの接続にはUSBを使用します．

USB変換ボードを使うことにより，PC側のアプリケーション，CANブリッジ側のファームウェアはRS-232Cなどの非同期シリアル通信のソフトウェアがそのまま利用できます．

### ● 操作の仕様

まず，PCからどういうことを操作するかを決めます．今回の機器は，CANバスへのメッセージの送出，CANバスからのメッセージの受信が目的ですので，それらを満たすように設計します．

メッセージの送出にあたっては，あらかじめ，メッセージID，データを送信バッファへ設定しておく必要があります．送信データを少なくすることもあり，メッセージ(SID)とデータ・フィールドのデータは別々に設定するようにしてあります．設定したメッセージ(データを含む)は送信開始要求コマンドで送信を始めます．

それ以外に，CANブリッジのCANコントローラのオペレーションとして，CANビットレート設定やマスク値，フィルタ値の設定や，各種ステータス，エラー・コードなどを読み出すコマンドも用

意しています.

## ● CANブリッジのハードウェア

　CANブリッジには，CANコントローラMCP2515を制御するマイコンにシリアル・インターフェースを備えたものが必要です．前章のCANバス・モニタとまったく同じものが使えます．回路図は第7章の**図7-1**を参照してください.

　USBの代わりにRS-232Cのレベル・コンバータ回路を接続して，RS-232CでPCと接続することもできます.

## 8-2　制御ソフトウェア

## ● ソフトウェアの概要

　CANブリッジのソフトウェアは，実験で使用したノードにシリアル通信のコマンドでCANコントローラを操作できるようにしたものです．また，前章のCANバス・モニタの内容とも似ています．実際，CANバス・モニタの派生バージョンとして，CANバス・モニタのプログラムを改造して作成しました.

## ● 処理の概要

　シリアル通信でコマンドを受信した場合,その内容を解析してコマンドに応じた処理を実行します.通常のコマンドは，CANコントローラを制御したり，そこからステータスを読み出すものです.

　また，CANバスからメッセージを受信した場合は，その内容をシリアル通信でPCへ転送します.

## ● シリアル通信コマンド

　PCから操作する制御コマンドとして次のようなものを用意しています．コマンドはアルファベット1文字で表し，大文字，小文字の区別はありません.

- ▶マスク値設定（'K'）
- ▶フィルタ値設定（'F'）
- ▶フィルタ・オプション設定（'O'）
- ▶メッセージ設定（'M'）
- ▶データ設定（'D'）
- ▶送信要求（'T'）
- ▶ステータス・リード（'S'）
- ▶エコーバック切り替え（'E'）

　「メッセージ設定（M）」はアービトレーション・フィールドのID値（SID値）を設定するものです．MCP2515の三つある送信バッファの中で，指定のバッファへ設定します.

　コマンド文字列は"m0211"のように設定します．'0'は送信バッファ0，"211"は11ビットのSID値を示すヘキサ文字列です.

　「データ設定（D）」はデータ・フィールドの値を設定するものです．0バイトから最大8バイトの

データを，指定の送信バッファへ設定します．また，データ・フレームかリモート・フレームかの指定もこのコマンドで行います．

コマンドが "d000" の場合，最初の '0' は「送信バッファ0」，2番目の '0' はデータ長，3番目の '0' はデータ・フレームを示しています．データが複数ある場合，たとえば2バイトのデータを設定する場合は，"d0201234" のように入力します．この場合のデータは0x12と0x34の2バイトです．

「送信要求(T)」は送信要求を発行するもので，CANバスがアイドルの場合はこのコマンドを受信すると直ちにメッセージが送出します．このコマンドは送信の開始を指示するもので，実際に送信できたかどうかは「送信完了通知(T)」を受信したことで確認できます．

「ステータス・リード(S)」は，SPIコマンドのステータス・リードの応答やエラー・フラグ，エラー・カウンタなどの値を読み出すことができます．

シリアル・コマンド，応答は**表8-1**にまとめてありますが，応答に関してはこれら以外に，ターミナル・ソフトで操作するときのために，ユーザ補助メッセージを表示させるようにしています．このメッセージはエコーバック切替('E')コマンドでON/OFFさせることができます．

「メッセージ設定(M)」コマンドのユーザ補助メッセージは "_TXB0　MSG=211" のように表示されます．"TXB0" は「送信バッファ0」，"MSG=211" は16進数のSID値のを示しています．これらの表示値は実際にMCP2515のレジスタに設定される値が反映されています．

ターミナル・ソフトで操作したときのコマンド，応答の例を**図8-1**に示します．アンダラインのあるラインはユーザの入力，".="(ピリオドとイコール)の付いたラインはCANメッセージなどの応答，"_"(アンダスコア)の付いたラインはユーザ補助メッセージです．

このように，汎用のターミナル・ソフトからCANブリッジを操作することができますが，8-4項で説明する専用のWindowsアプリケーションを使用すれば，より簡単に操作することができます．

## 8-3　制御ソフトウェアのプログラム

### ● プログラムの構造

プログラムのアウトラインは第7章のCANバス・モニタと類似しています．タイマ処理を外してシリアル・コマンドの機能を拡張したような形になっています．

また，送信に関しては，アービトレーションで負けたり，CAN転送エラーが発生する可能性があるため，リトライ処理が入っています．

### ● CAN送信のエラー処理

送信時に検出できるエラーは「メッセージ・ロスト」，「転送エラー」の二つです．「メッセージ・ロスト」は調停負けで自分が出したメッセージが喪失した場合，「転送エラー」は送出はしたが，CANバス・エラーが発生して送信が無効になっている場合です．CANバス・エラーの要因には，受信ノードがない場合のACKエラーやCRCエラー，スタッフィング・エラーなどのデータ化けなどがあります．

いずれの場合もメッセージを再送する必要がありますが，幸いなことに，送信メッセージは送信

表8-1　シリアル・コマンド/応答の一覧

ホストからシリアル・インターフェースで送受信するコマンド文字列のフォーマットの一覧．方向欄の"PC"はパソコン（Windowsホスト），"Mi"はマイコン・ボードを示す．デリミタ・コードは，¥r¥nの2文字．

| コマンド | コード | パラメータ | | | | | | | | |
|---|---|---|---|---|---|---|---|---|---|---|
| マスク設定 | 'K' | n | k | k | k | '¥r' | '¥n' | | | |
| フィルタ設定 | 'F' | n | f | f | f | '¥r' | '¥n' | | | |
| フィルタ・オプション | 'O' | n | o | '¥r' | '¥n' | | | | | |
| メッセージ設定 | 'M' | n | m | m | m | '¥r' | '¥n' | | | |
| データ設定 | 'D' | n | L | f | d | d | d | d | d | d … |
| 送信要求 | 'T' | n | '¥r' | '¥n' | | | | | | |
| ステータス・リード | 'S' | n | '¥r' | '¥n' | | | | | | |
| エコーバック切り替え | 'E' | s | '¥r' | '¥n' | | | | | | |

| コマンド | コード | | | パラメータ | | | | | | | |
|---|---|---|---|---|---|---|---|---|---|---|---|
| ステータス応答 | '.' | 'S' | '=' | n | d | d | '¥r' | '¥n' | | | |
| メッセージ受信 | '.' | 'M' | '=' | m | m | m | '-' | f | '¥r' | '¥n' | |
| データ受信 | '.' | 'D' | '=' | n | d | d | d | d | … | d | '¥r' |
| 送信完了通知 | '.' | 'T' | '=' | n | '¥r' | '¥n' | | | | | |

バッファに残っていますので，送信要求を出しなおすだけで再送が可能です．

　エラー検出時は，送信要求（"TXBnCTRL.TXREQ"ビット）がセットされたままになっているため，いったんそれをクリアして送信要求を解除し，再び要求を出し直します．

　送信が完了したか，エラーが発生したかは，送信バッファごとのTXBnCTRLレジスタを読み出すことで判断できます．処理を簡単にするには，送信したあとすぐにこのレジスタを読み出してエラー

| | | 方 向 | 説　明 |
|---|---|---|---|
| | | PC → Mi | マスク値を設定する.<br>$n$＝マスク番号 '0' or '1'<br>$kkk$＝マスク値（3桁の16進数文字列） |
| | | PC → Mi | フィルタ値を設定する.<br>$n$＝フィルタ番号 '0' ～ '5'<br>$fff$＝フィルタ値（3桁の16進数文字列） |
| | | PC → Mi | フィルタ・オプションを設定する.<br>$n$＝受信バッファ番号 '0' or '1'<br>$o$＝設定値（'0' ～ '3'） |
| | | PC → Mi | メッセージ（SID値）を送信バッファへロードする.<br>$n$＝送信バッファ番号 '0' ～ '2'<br>$mmm$＝メッセージ（SID；3桁の16進数文字列） |
| '¥r' | '¥n' | PC → Mi | 送信データを送信バッファへロードする.<br>$n$＝送信バッファ番号<br>$L$＝バイト数 '0' ～ '8'<br>$f$＝'0' データ・フレーム<br>$f$＝'1' リモート・フレーム<br>$dd$…＝最大8バイト（16文字）のデータ．1バイトにつき2文字の16進数文字列．2文字単位で送信すること. |
| | | PC → Mi | メッセージ送信要求を発行する.<br>送信要求（RTS）<br>$n$＝送信バッファ番号 '0' ～ '2' |
| | | PC → Mi | ステータスを読み出す.<br>ステータス要求<br>'$n$'＝ステータス番号 '0' ～ '5' |
| | | PC → Mi | コマンド入力のエコーバックの有無を設定.<br>$s$＝'0' エコーバックしない<br>$s$＝'1' エコーバックする |

| | | 方 向 | 説　明 |
|---|---|---|---|
| | | PC ← Mi | Sコマンドの応答．ステータスの通知.<br>$n$＝ステータス番号 '0' ～ '5'<br>$dd$＝16進数2桁のステータス値 |
| | | PC ← Mi | CANメッセージ受信時にSIDを通知.<br>$f$＝'D' データ・フレーム<br>$f$＝'R' リモート・フレーム |
| | '¥n' | PC ← Mi | CANメッセージ受信時にデータ・フィールドの内容を通知.<br>$n$＝DLC値（バイト数）<br>$dd$…＝最大8バイト（16文字）のデータ．1バイトにつき2文字の16進数文字列．2文字単位で受信する |
| | | | 送信要求コマンドの実行結果として，送信が完了したときに通知される.<br>$n$＝送信バッファ番号 '0' ～ '2' |

を判定し，その場でリトライさせるというようにもできますが，そのようにすると，ノードがない場合などリトライを延々と繰り返し，その間，ほかの処理ができないという致命的な問題が起こります．そこで今回は，リトライを繰り返していても，ほかの処理が滞らないようにしてあります.

　次に送信バッファ0に関してこの仕組みを説明しますが，残りの送信バッファもバッファ番号が変わるだけで同様の処理です．処理の流れは次のとおりです.

```
CAN Bridge ◄──────────────────( 起動時メッセージ )
m0211⏎ ◄──────────────────( メッセージ設定コマンド )
_TXB0 MSG=211 OK ◄──────────────( ユーザ補助メッセージ )
d000⏎ ◄──────────────────( データ設定コマンド )
_TXB0 DLC=0 FRM=D OK ◄──────────( ユーザ補助メッセージ )
t0⏎ ◄──────────────────( 送信要求設定コマンド )
_TXREQ0 OK ◄──────────────────( ユーザ補助メッセージ )
.T=0 ◄──────────────────( コマンド応答 )
.M=111-D ◄──────────────────( コマンド応答 )
m1210⏎ ◄──────────────────( メッセージ設定コマンド )
_TXB1 MSG=210 OK ◄──────────────( ユーザ補助メッセージ )
d100⏎ ◄──────────────────( データ設定コマンド )
_TXB1 DLC=0 FRM=D OK ◄──────────( ユーザ補助メッセージ )
t1⏎ ◄──────────────────( 送信要求設定コマンド )
_TXREQ1 OK ◄──────────────────( ユーザ補助メッセージ )
.T=1 ◄──────────────────( コマンド応答 )
.M=110-D ◄──────────────────( コマンド応答 )
s0⏎ ◄──────────────────( ステータス・リード・コマンド )
_STAT=28 ◄──────────────────( ユーザ補助メッセージ )
.S=028 ◄──────────────────( コマンド応答 )
OK ◄──────────────────( ユーザ補助メッセージ )
s4⏎ ◄──────────────────( ステータス・リード・コマンド )
_REC=00 ◄──────────────────( ユーザ補助メッセージ )
.S=400 ◄──────────────────( コマンド応答 )
OK ◄──────────────────( ユーザ補助メッセージ )
```

**図8-1　CANブリッジの操作画面**
ターミナル・ソフトからCANブリッジを操作した際のターミナル画面のハードコピー．ユーザ補助メッセージはエコーバック切り替えコマンドで非表示にもできる．

(1) 送信要求フラグTXB0CTRL.TXREQをセットして送信要求を発行したあと，TxPend0フラグをセットする．このフラグは送信要求を出して送信完了をまだ受けていないことを示す．

(2) メイン・ループでTxPend0フラグをチェックし，Trueの場合は，受信完了チェック処理を実行する．Falesのときは送信処理中ではないため何もしない．

(3) 受信完了チェック処理ではTXB0CTRLレジスタを読み出し，TXREQがリセットされているか，MLOA，TXERRがセットされていないかをチェックする．

(3.1) TXREQがリセットされている場合は正常に送信が完了しているのでTxPend0をクリアする．

(3.2) MLOAまたはTXERRがセットされている場合はいったんTXBnCTRL.TXREQをクリアして送信要求を解除し，再び同フラグをセットして送信要求を発行する．TxPend0はTrueのままにして，次回のメイン・ループのサイクルで再び送信完了をチェックする．

この部分のコードを**リスト8-1**に示します．

調停負けと送信エラーの処理はまったく同じコードですが，メッセージ表示などの処理を加える可能性もあるために分けてあります．

**リスト8-1 送信リトライ処理**

```
main() {
     （中略）
    if(TxPend0) {
         // 送信バッファ0の送信が完了していないとき
         reg = CANReadReg(TXB0CTRL);              // 送信バッファ0 CTRL
         if(!(reg & 1<<TXREQ)) {
             // 送信完了
             TxPend0 = false;
             strcpy(StrBuf, ".T=0\r\n");          // 送信完了応答をPCへ送信
             PUTSTR(StrBuf);
         } else {
             if(reg & 1<<MLOA) {
                 // 調停負け
                 // いったんTX0REQをリセットして送信をアボート
                 CANBitModCmd(TXB0CTRL, 1<<TXREQ, 0);
                 // 送信要求発行(再送)
                 CANBitModCmd(TXB0CTRL, 1<<TXREQ, 1<<TXREQ);
             } else if(reg & 1<<TXERR) {
                 // 送信エラー
                 // いったんTX0REQをリセットして送信をアボート
                 CANBitModCmd(TXB0CTRL, 1<<TXREQ, 0);
                 // 送信要求発行(再送)
                 CANBitModCmd(TXB0CTRL, 1<<TXREQ, 1<<TXREQ);
             }
             // どちらのエラーにも該当しない場合は、単にバスがアイドル
             // になるのを待っているか、送信が完了するのを待っているだけ
         }
     }
     （中略）
}
```

## ● シリアル・コマンド処理

　コマンド処理は第7章のCANバス・モニタと同様ですが，処理内容が多少複雑になるので，SerCmdExec()のコマンド判定のswitch-case文でコマンドに応じた処理関数をコールするようになっています（一部を除く）．switch-case文は大きくなるとアドレスが離れすぎてジャンプできなくなり，コンパイル・エラーになる場合があります．関数に小分けにすることで対応できますが，関数にすることでスタックを一つ消費してしまいます．

　WIZ-Cの場合，このコマンド処理関数の中でsprintf()を使うとスタック・オーバフローが発生してしまうため，プロジェクト・オプションでPICのスタックを使わない設定にしておいてください．PIC16シリーズのスタックがあと1～2レベルあればといつもつづく思います．

　コマンド処理の一部のコードを**リスト8-2**に示します．この関数がコールされたときには，コマンド文字はCmdBuf[0]，それ以降のパラメータ文字列はCmdBuf[1]以降に格納されています．

　コマンド処理関数をコールしている場合は，実行結果が関数から返るため，sts変数をその値で上書きします．関数の終わりのほうで，sts変数がTrueの場合は実行結果としてPCへ "OK" という応答文字列を送信します．またエラーの場合は "???" という文字列を送信します．

**リスト8-2　シリアル・コマンド処理の一部**

```c
void SerCmdExec(void) {
    BYTE cmd, reg, i, sts = true;
    char ch;
    struct tag_CNF1 *p_cnf1;

    cmd = toupper(CmdBuf[0]);     // 1文字目を大文字に変換
    switch(cmd) {
        case 'K':                 // マスク設定
            sts = CmdSetMask();   // マスク設定コマンド
            break;
         (中略)
        default:
            sts = false;
            break;
    }
    // コマンド実行結果をPCへ通知
    if(EchoBack) {
        if(sts) {
            strcpy(StrBuf, " OK\r\n");
        } else {
            strcpy(StrBuf, " ???\r\n");
        }
        PUTSTR(StrBuf);               // PCへシリアル送信
    }
    return;
}
```

　マスク設定，フィルタ設定の際は，MCP2515のオペレーション・モードをコンフィギュレーション・モードに設定しておく必要があります．設定が終わった後はノーマル・モードに再設定しておきます．

　マスク設定コマンドのコードを**リスト8-3**に示します．最初にMCP2515のオペレーション・モードをコンフィギュレーション・モードに切り替えます．その後に切り替えが完了したかどうかを確認します．第7章のCANバス・モニタのときと同様に，最大10回の読み直し処理を入れてあります．切り替え完了を待つための処理です．

　マスク番号は，CmdBuf[1]，フィルタ値はCmdBuf[2]～CmdBuf[4]に格納されています．3文字のフィルタ値はatox()関数で数値に変換し，その値をCANSetSidMaskn()マクロで，MCP2515に設定します．

　最後にCANSetOpMode(CAM_MODE_NORMAL)でノーマル・モードに戻しておきます．

# 8-4　CANブリッジ制御用Windowsアプリケーション

## ● 専用アプリケーション

　CANブリッジは，前述のようにターミナル・ソフトで制御可能ですが，より簡単に使用できるよ

**リスト8-3 マスク設定コマンド**

```
BYTE CmdSetMask(void) {
    WORD mask;
    char buf[4];
    BYTE reg, i, change = false;

    CANSetOpMode(CAM_MODE_CONFIG);          // コンフィギュレーション・モード
    // モード変更完了待ち(リトライ処理)
    for(i = 0; i < 10; i++) {
        reg = CANReadReg(CANSTAT) & 0xE0;
        if(reg == CAM_MODE_CONFIG << 5) {
            change = true;
            break;
        }
    }
    if(!change) {
        return false;                       // 異常終了(モード変更失敗)
    }

    // フィルタ値取り出し
    buf[0] = CmdBuf[2];
    buf[1] = CmdBuf[3];
    buf[2] = CmdBuf[4];
    buf[3] = 0;
    mask = atox(buf);                       // 数値に変換

    switch(CmdBuf[1]) {
        case '0':              // mask0
            CANSetSidMask0(mask);           // 受信バッファのマスク0レジスタ設定
            break;
        case '1':              // mask1
            CANSetSidMask1(mask);           // 受信バッファのマスク1レジスタ設定
            break;
        default:
            CANSetOpMode(CAM_MODE_NORMAL);   // ノーマル・モード
            return false;                    // 異常終了
    }

    // 設定内容確認の表示(ユーザ補助メッセージ)
    if(EchoBack) {
        sprintf(StrBuf, "MSK%c=%03X", CmdBuf[1], mask);
        PUTSTR(StrBuf);                      // PCへシリアル送信
    }
    CANSetOpMode(CAM_MODE_NORMAL);           // ノーマル・モード
    return true;                             // 正常終了
}
```

うにWindows上で動作する専用のフォーム・アプリケーションを作成します.

　シリアル通信などの基本的なプログラムは前章のCANバス・モニタと同様ですが, 設定項目が増えているため, その分複雑になっています.

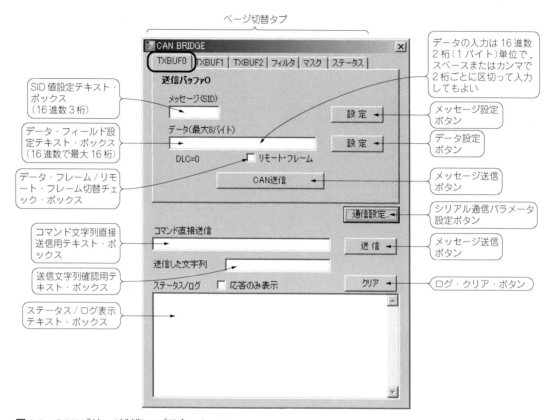

**図8-2 CAN ブリッジ制御アプリケーション**
CAN ブリッジを操作するためのアプリケーションのメイン画面. 画面上半分は設定項目ごとにページに分かれていて, タブ・ページで切り替わる.
三つの送信バッファの設定項目は三つのページに分かれている(いずれも同じ構成).
「通信設定...」ボタンをクリックするとシリアル通信パラメータの設定ウィンドウがオープンする.

## ● アプリケーションの仕様

　アプリケーションの外観は**図8-2**のようになっています. ターミナル・ソフトで送信したコマンドをボタン操作やテキスト・ボックスの内容, コンボ・ボックスの内容により簡単に送信できるようにしてあります.

　三つの送信バッファやフィルタ, マスクの設定は, タブ・ページ・コントロール(TabPage)で切り替えて, それぞれのページで行います. **図8-3**は切り替わったページの内容です. 送信バッファのページは三つあり, MCP2515の三つの送信バッファにそれぞれ対応しています.

　テキスト・ボックスとそれに対応するボタンがいくつも並んでいますが, これらはすべて, テキスト・ボックスの設定値をシリアル・コマンドとしてCANブリッジへシリアル送信する働きがあります.

　受信したデータ(ほかのCANノードからのメッセージやデータ)は, メイン画面(**図8-2**)下側のテキスト・ボックスに表示されます.

## ● プログラムの説明

　シリアル通信部分のプログラムは，受信した内容の扱いや送信する内容が異なる以外は，第7章の CANバス・モニタのプログラムとほとんど同じですので，そちらを参照してください．

　フィルタやマスク値の設定などでは，同様のテキスト・ボックスやボタンが複数ありますが，ボタン・クリック・イベント・ハンドラは一つのものを共用して，各ボタンにつけたTagの値でどのボタンがクリックされたかを判定しています．このTagはボタン・コントロールのTagプロパティでボタンごとに‘0’から順番に数字を割り当ててあります．

　クリック・イベント・ハンドラでは，このタグをswitch-case分で振り分けてクリックされたボタンを特定しています．

　イベント・ハンドラのコードを**リスト8-4**に示します．

　((Button)sender).Tagで，クリックされたボタンのTag値（数字の文字列）を取り出して，それをParseメソッドで整数値に変換してswitch-caseで判定しています．処理内容がほとんど同じなので，マスク設定用のボタンは，フィルタ設定の‘6’，‘7’として扱っているので注意してください．

　case文で送信する文字列を切り替えて，serialPort1.WriteLine()メソッドでシリアル送信しています．

　その後にあるテキスト・ボックスへの出力処理は，送信内容を確認するために送信内容を表示させるものです．

　データ設定ボタンのイベント・ハンドラのコードが少し複雑ですが，基本的にはデータ用のテキスト・ボックスの内容をシリアル・コマンド用のフォーマットに整えて送信しているだけです．

　文字数が足りない場合（バイト単位なので，1バイト2文字必要だが，1文字しか入力されていない場合）や，入力内容が確認しやすいように，バイト文字間に入れたスペースまたはカンマを取り除く処理が入っています．その部分の処理を**リスト8-5**に示します．

　Regexは正規表現を利用するためのオブジェクトで，インスタンス化の際に，比較用パターン（ここでは，スペースとカンマ）を定義しています．Replace()メソッドでテキスト・ボックスの内容（string型のdataフィールド）からスペースとカンマを削除します．

　data.Lengthプロパティで文字数を調べ，16文字（8バイト分の文字数）を超えている場合は，data.Substring(0, 16)メソッドで16文字より後ろの部分を切り落としています．

　この段階で，純粋なデータ部分の文字列（最大8バイト，16文字）が得られるので，これをコマンドのパラメータとして利用します．

　データ長はデータ部分の文字数を1/2したものが実際のバイト数になります．これをDLCの値として利用します．

　なお，本来は，データ入力欄には数字と‘A’～‘F’までのヘキサ文字以外は入力できないようにするのが望ましいのですが，ほかのイベント・ハンドラを併用して入力をリジェクトする処理を作らないといけないので少々面倒です．そのため今回はヘキサ・コードの判定処理は省略します．したがって，操作時にヘキサ文字列以外は入力しないように注意してください．

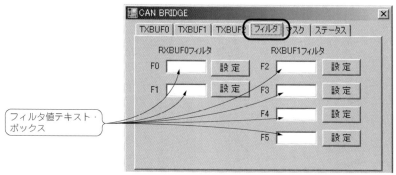

（a）フィルタ設定ページ

F0〜F5のテキスト・ボックスにフィルタ値（16進数3桁）の数値を入力して，横の「設定」ボタンをクリックすると設定値がMCP2515のフィルタ・レジスタへロードされる．

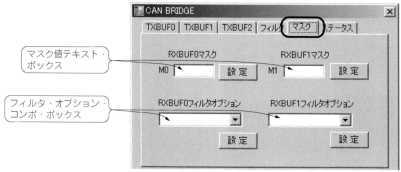

（b）マスク，フィルタ・オプション設定ページ

M0，M1のテキスト・ボックスにマスク値（16進数3桁）の数値を入力して，横の「設定」ボタンをクリックすると設定値がMCP2515のマスク・レジスタへロードされる．また，コンボ・ボックスでオプション値を選択して下にある「設定」ボタンをクリックすると，設定値がMPC2515のコントロール・レジスタへ設定される．

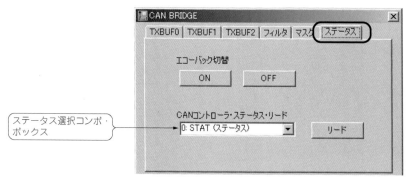

（c）ステータス・リード・ページ

コンボ・ボックスでリードしたいステータス種別を選択し，「リード」ボタンをクリックすると，読み出したステータス値がメイン・ウィンドウ下のステータス／ログ表示テキスト・ボックスへ表示される．

**図8-3　各種設定ページ**

**リスト8-4 フィルタ，マスク設定イベント・ハンドラ**

```
// フィルタ、マスクの設定ボタンのイベント・ハンドラ
private void ButtonFilterSet_Clic(object sender, EventArgs e) {
    string tagstr = (string)((Button)sender).Tag;      // タグの取り出し
    string cmd;                                         // タグを数値に変換して分類
    switch(int.Parse(tagstr)) {
        case 0:              // filter0
            cmd = "F0" + tBoxF0.Text;        tBoxFn(n=0〜7)は設定値
            break;                           入力用のテキスト・ボックス
        case 1:              // filter1       のインスタンス
            cmd = "F1" + tBoxF1.Text;
            break;

            (中略)

        case 6:              // mask0
            cmd = "K0" + tBoxF6.Text;
            break;
        default:             // mask1
            cmd = "K1" + tBoxF7.Text;
            break;
    }
    serialPort1.WriteLine(cmd + "\r\n");      // シリアル送信
    tBoxTxCmd.Text = cmd;                     // 送信確認用テキスト・ボックスへ表示
    if(!checkBox1.Checked) {
        textBox1.AppendText(cmd + "\r\n");    // ログ用テキスト・ボックスへ追加
    }
}
```

**リスト8-5 データ設定ボタンのイベント・ハンドラ**

```
// データ設定ボタン1-3
private void ButtonDataSet(object sender, EventArgs e) {
    string cmd, dflg, dlc, data;

    (中略)

    Regex rgx = new Regex(" |,");            // 正規表現操作用のオブジェクト
    data = rgx.Replace(data, "");            // 空白、カンマを置換（削除）
    if((data.Length & 1) != 0) {
        data += "0";                         // 文字数が偶数でないとき追加
    }

    if(data.Length > 16) {            指定数の文字列を抽出するメソッド
        data = data.Substring(0, 16);   // 最大16文字(8バイト)
    }
                                      文字数を求めるメソッド
    dlc = (data.Length / 2).ToString("0");  // データ長を求める
    cmd += dlc + dflg + data;
    serialPort1.WriteLine(cmd + "\r\n");     // シリアル送信

    (中略)
}
```

# 第9章

複数のノードを一つのCANバスにつないで互いに通信

# 組み合わせ応用例

　複数のノードを一つのCANバスにつないで互いに通信するような実験セットを製作します．温度の測定や表示，リレーの操作などを行います．

## 9-1　機器の構成

### ● 機器構成

　使用するノードの構成を**図9-1**(p.144)に示します．各ノードは比較的単機能で，単純な動作しか行いません．わざわざノードに分けて処理させるまでもないのですが，それぞれのノードが離れた場所に別々に設置されているという想定で実験を行います．

　**写真9-1**は評価用に各ノードを1枚のトレイの上に固定したものです．本来は，各ノードは離れた場所にあるべきものですが，デバッグ，評価用ということで，1枚のトレイ上にまとめてみました．

　トレイは100円ショップで購入した，底の浅いプラスチック製のものです．ノード基板は10mm長のスペーサとM3のビスで固定してあります．

　**写真9-1**の各ノード基板は試作品のため，部品をフル実装してありますが，使っていない部品(コネクタなど)もありますので注意してください．

　複数の基板を使う場合はいつも電源をどうするかが悩ましいのですが，今回は，電源を分配するボードも製作しました(写真左下)．このボードに関しては，**コラム9-1**(p.146)に簡単な説明がありますので，そちらも参照してください．

　CANバス・モニタを接続する場合は，どこか適当なノードからCAN信号を取り出して接続します．

### ● 実験，評価の目的

　一つのCANバス上で，あるノードは自分勝手にほかのノードと通信を行い，それにユーザが割り込んでほかの処理をさせる，というようにいろいろなメッセージが混在しているような環境を作って動作を確認するのが本章での目的です．

　具体的には，温度を測定して，その値をほかのノードの表示器に表示させ，通常はこの二つのノード間は周期的に通信を行っています．そこへユーザが別のノードから温度を要求すると，温度を測定しているノードは表示用ノードの通信とは別のノードに温度値を送り返す，というようなことを想定しています．また，温度表示には直接関係なくリレーを操作するなど，関係のあるメッセージ，関係

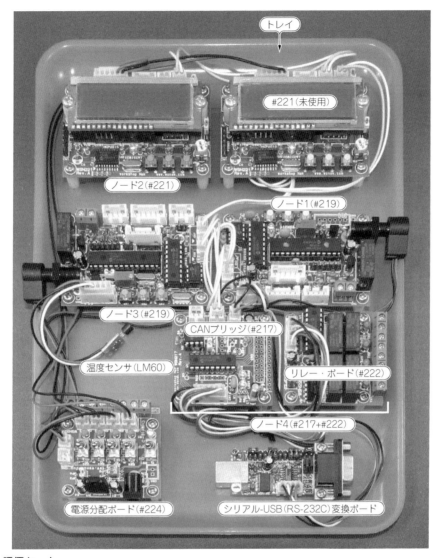

トレイ

#221(未使用)

ノード2(#221)

ノード1(#219)

ノード3(#219)

CANブリッジ(#217)

温度センサ(LM60)

リレー・ボード(#222)

ノード4(#217+#222)

電源分配ボード(#224)

シリアル-USB(RS-232C)変換ボード

**写真9-1　評価セット**
すべてのノードをトレイ上に設置した評価セットの写真. 右上の #221(CAN制御LCDボード)は使用していない. また,
各ボードは試作品のため, 使用していない部品が実装されているものもある.

のないメッセージがCANバスに入り乱れるような環境を作りたいと考えました.

## ● ノード間のメッセージ

　既製品のデバイスに接続するわけではないため, メッセージの内容は任意ですが, 今回は, バス・
モニタでログを採ったときにメッセージが区別しやすいように, **図9-1**のようなフォーマットでメッ
セージを定義しました. メッセージ長は標準ID(SID)で11ビットですが, 上位3ビットは宛先のノー

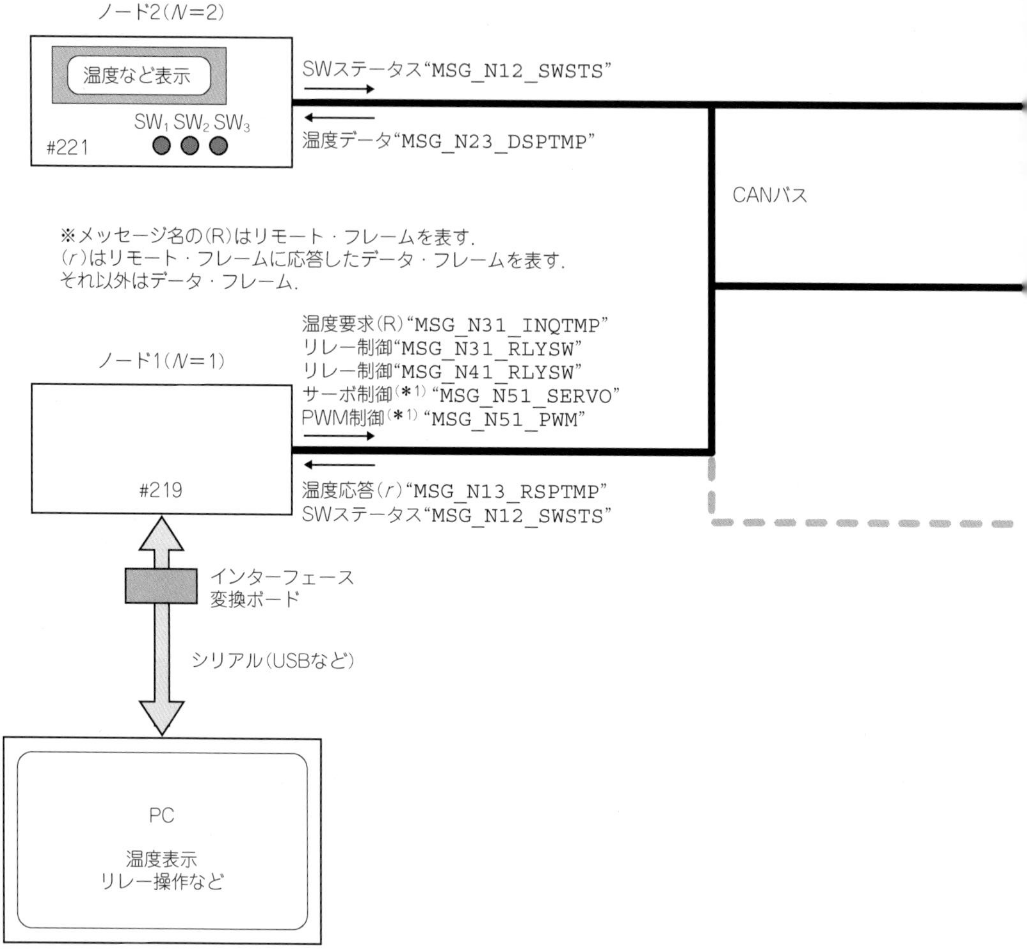

**図9-1　ノードの構成**
組み合わせ実験のノード構成と，メッセージの相関関係を示す．図中の "MSG_XXX" はプログラムで使われているメッセージのシンボル．

ド番号，$b_7 \sim b_4$ は送信元のノード番号を設定することにします．こうすることにより，バス・モニタで見たときに，どこからどこへメッセージが出力されたかが一目でわかります．$b_3 \sim b_0$ はノードごとに固有のコマンド・コードを入れます．

　受信ノード側では，フィルタ機能で上位3ビットだけにヒットするように（マスク機能で下位8ビットをマスク）しておくと，自分宛てのメッセージだけにヒットさせるようにできます．

　操作対象のリレーの番号やそのON/OFFの指示，温度値，スイッチのステータスなどは，データ・フレームのデータ・フィールドに入れて送信します．

　温度要求のメッセージは応答として温度値を期待するものなので，唯一リモート・フレームで送信するようにしました．このメッセージを受け取ったノードは，データ・フレームで温度値を送り返す

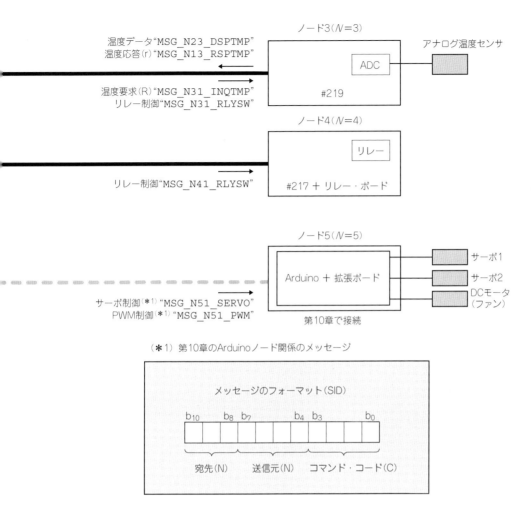

ノード3（N=3）

温度データ"MSG_N23_DSPTMP"
温度応答（r）"MSG_N13_RSPTMP"

温度要求（R）"MSG_N31_INQTMP"
リレー制御"MSG_N31_RLYSW"

#219

ADC

アナログ温度センサ

ノード4（N=4）

リレー

リレー制御"MSG_N41_RLYSW"

#217 ＋ リレー・ボード

ノード5（N=5）

Arduino ＋ 拡張ボード

サーボ1
サーボ2
DCモータ
（ファン）

サーボ制御（＊1）"MSG_N51_SERVO"
PWM制御（＊1）"MSG_N51_PWM"

第10章で接続

（＊1）第10章のArduinoノード関係のメッセージ

メッセージのフォーマット（SID）

$b_{10}$ $b_8$ $b_7$ $b_4$ $b_3$ $b_0$

宛先（N） 送信元（N） コマンド・コード（C）

必要があります.

図9-1のメッセージをまとめると表9-1のようになります.

## 9-2 各ノードの機能

### ● 概要

今回使用する各ノードの機能，役割の概要を簡単に説明します．ノードごとのプログラム内容の詳細は9-3項から順番に説明します．各ノードは第3章で使用したボードを使用しているので，ハードウェアに関してはそちらを参照してください.

## ● ノード1 ホスト・インターフェース

ノード1は，PCとUSBやRS-232Cなどで接続して，PCからの操作コマンドをCANバス上のノードに送信したり，ほかのノードからの応答をPCへ送信するためのブリッジとなるものです．PIC CANコントローラ(#219)基板を使用しています．

PCからの指示によりCANバスへ送出されるメッセージ(コマンド)には，「温度要求」，「リレー制御」の二つがあります．その他，第10章で使用するものに「サーボ制御」，「PWM制御」もあります．

---

### Column…9-1　電源分配ボード

接続するセットが多くなると，電源を用意するのも大変です．本章では複数のノードを一つのトレイ上にまとめてありますが，個々に電源を用意するのは面倒だし，なにより不経済です．そこで，一つのDC電源を分配するボードを製作しました．

このボードは写真9-Aのように，一つのACアダプタの出力を六つに分配し，その内の四つに関しては個別にON/OFFできるようにスイッチを

接続してあります．出力は端子台またはナイロン・コネクタで取り出せます．すべてを一括でON/OFFできるスイッチも付いています．出力中はLEDが点灯します．

三端子レギュレータが実装でき，非安定化のACアダプタなども利用できますが，ジャンパ切り替えにより，レギュレータをバイパスさせることができるため，安定化ACアダプタを使用することもできます．

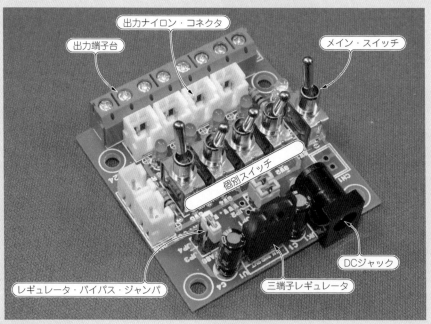

**写真9-A　電源分配ボード**
一つのDC電源を分配するボード．三端子レギュレータを使用すれば，非安定化のACアダプタも使用可能．四つの出力は個別にスイッチでON/OFF可能．

表9-1 各ノード間のメッセージの一覧

| DIR / コマンド名 | 送信先(N) | | | 送信元(N) | | | | コマンド・コード | | | | 種別 | データ・フィールド0 D0 | データ・フィールド1 D1 |
|---|---|---|---|---|---|---|---|---|---|---|---|---|---|---|
| | $b_{10}$ | $b_9$ | $b_8$ | $b_7$ | $b_6$ | $b_5$ | $b_4$ | $b_3$ | $b_2$ | $b_1$ | $b_0$ | | $b_7 \sim b_0$ | $b_7 \sim b_0$ |
| #3 ← #1 温度要求 | 0 | 1 | 1 | 0 | 0 | 0 | 1 | 0 | 0 | 0 | 1 | R | なし | なし |
| リレー制御 | 0 | 1 | 1 | 0 | 0 | 0 | 1 | 0 | 0 | 1 | 0 | D | 0 0 0 0 0 0 r r<br>リレー番号(0〜3) | 0 0 0 0 0 0 0 s<br>1 = ON/0 = OFF |
| #4 ← #1 | $b_{10}$ | $b_9$ | $b_8$ | $b_7$ | $b_6$ | $b_5$ | $b_4$ | $b_3$ | $b_2$ | $b_1$ | $b_0$ | | $b_7 \sim b_0$ | $b_7 \sim b_0$ |
| リレー制御 | 1 | 0 | 0 | 0 | 0 | 0 | 1 | 0 | 0 | 0 | 1 | D | 0 0 0 0 0 0 r r<br>リレー番号(0〜3) | 0 0 0 0 0 0 0 s<br>1 = ON/0 = OFF |
| #2 ← #3 | $b_{10}$ | $b_9$ | $b_8$ | $b_7$ | $b_6$ | $b_5$ | $b_4$ | $b_3$ | $b_2$ | $b_1$ | $b_0$ | | $b_7 \sim b_0$ | $b_7 \sim b_0$ |
| 温度データ | 0 | 1 | 0 | 0 | 0 | 1 | 1 | 0 | 0 | 0 | 1 | D | c c c c t t t t<br>Ch番号　温度値(H) | t t t t t t t t<br>温度値(L) |
| #1 ← #3 | $b_{10}$ | $b_9$ | $b_8$ | $b_7$ | $b_6$ | $b_5$ | $b_4$ | $b_3$ | $b_2$ | $b_1$ | $b_0$ | | $b_7 \sim b_0$ | $b_7 \sim b_0$ |
| 温度応答 | 0 | 0 | 1 | 0 | 0 | 0 | 1 | 0 | 0 | 0 | 1 | D | c c c c t t t t<br>Ch番号　温度値(H) | t t t t t t t t<br>温度値(L) |
| #1 ← #2 | $b_{10}$ | $b_9$ | $b_8$ | $b_7$ | $b_6$ | $b_5$ | $b_4$ | $b_3$ | $b_2$ | $b_1$ | $b_0$ | | $b_7 \sim b_0$ | $b_7 \sim b_0$ |
| SW ステータス | 0 | 0 | 1 | 0 | 0 | 1 | 0 | 0 | 0 | 0 | 1 | D | 0 0 0 0 0 S2 S1 S0<br>(＊1) | なし |
| #5 ← #1 (＊2) | $b_{10}$ | $b_9$ | $b_8$ | $b_7$ | $b_6$ | $b_5$ | $b_4$ | $b_3$ | $b_2$ | $b_1$ | $b_0$ | | $b_7 \sim b_0$ | $b_7 \sim b_0$ |
| サーボ制御 | 1 | 0 | 1 | 0 | 0 | 0 | 1 | 0 | 0 | 0 | 1 | D | 0 0 0 0 0 0 0 n<br>サーボ番号(0/1) | v v v v v v v v<br>角度値(0〜180) |
| PWM 制御 | 1 | 0 | 1 | 0 | 0 | 0 | 1 | 0 | 0 | 1 | 0 | D | v v v v v v v v<br>PWM値(0〜255) | なし |

（＊1）各ビットが各SWの状態を表す．'1' が押下状態．変化があったときに通知される．
（＊2）第10章で使用するメッセージ．変化があったときに通知される．
※温度値は摂氏温度を10倍したバイナリ値．
※種別の 'D' はデータ・フレーム，'R' はリモート・フレームを表す．

　また，ほかのノードから受け取る応答には「温度応答」（測定温度データ），SWステータスがあります．

　本ノードの代わりに第8章で製作したCANブリッジを使ってメッセージやデータを個別に送受信してもよいのですが，PCから簡単なコマンドで操作できるように，通信メッセージを特化した専用のデバイスとして製作しています．

　なお，本章での実験では使いませんが，第10章で製作するArduino使用のノード用のコマンドも組み込んであります．

## ● ノード2 表示器

　「温度データ」を受信してその値をLCDへ表示させます．また，ボード上のスイッチを操作すると，その状態（プッシュ，リリース）をノード1に伝えます．LCDを使用するため，CAN制御LCDボード（#221）基板を使用しています．

表9-2 シリアル・コマンド/応答の一覧

ホストからシリアル・インターフェースで送受信するコマンド文字列のフォーマットの一覧．方向欄の"PC"はパソコン（Windowsホスト），"Mi"はマイコン・ボードを示す．デリミタ・コードは，¥r¥nの2文字．サーボ制御，PWM制御は第10章のArduinoノード用のコマンドで，本章では使わない．

| コマンド | コード | パラメータ | | | | |
|---|---|---|---|---|---|---|
| 温度測定コマンド | 'M' | '¥r' | '¥n' | | | |
| リレー制御 | 'R' | $n$ | $r$ | $s$ | '¥r' | '¥n' |
| サーボ制御<br>（Arduino ノード用） | 'V' | $n$ | $v$ | $v$ | '¥r' | '¥n' |
| PWM制御<br>（Arduino ノード用） | 'W' | $n$ | $v$ | $v$ | '¥r' | '¥n' |

| 応答 | コード | | | パラメータ | | | | |
|---|---|---|---|---|---|---|---|---|
| 温度応答 | '.' | 'M' | '=' | '+'/'−' | $T$ | $T$ | $T$ | '¥r' | '¥n' |
| SW ステータス通知 | '.' | 'S' | '=' | $s$ | '¥r' | '¥n' | | |

## ● ノード3 温度測定

　A-Dコンバータに接続されたアナログ温度センサ（LM60）の温度を1秒周期で読み出し，それをノード2 表示器へ「温度データ」メッセージとして送信します．また，ノード1から「温度要求」メッセージ（リモート・フレーム）があった場合は「温度応答」メッセージ（測定温度）をノード1へ送り返します．PIC CANコントローラ（#219）基板を使用しています．

## ● ノード4 リレー

　「リレー制御」メッセージを受信して指定のリレーをONまたはOFFさせます．リレー制御ボード（#222）とCANブリッジ（#217）をSPIで接続して，リレー制御ボードをCANコントローラのホストとして使用しています．

# 9-3　ノード1 ホスト・インターフェースのプログラミング

## ● 処理の内容

　PCからの操作コマンド（シリアル・コマンド）により，メッセージを送信したり，受信したメッセージをPCへ送信します．第8章のCANブリッジと類似の機能なので，プログラムの説明などはそちらを参照してください．基本的には，PCから受信したシリアル・コマンドを特定のCANノード宛に再構成して送信したり，受信したメッセージをPCへ送信するだけです．

　本章では使用しませんが，第10章で使用するArduinoボードのサーボ・モータ制御用のコマンドも組み込んであるので，そのまま第10章のアプリケーションに使用できます．サーボの角度データやPWM値をシリアル・コマンドで受信したら，それを指定のCANノードへ送信するだけの単純な処理です．

| 方向 | 説　明 |
|------|--------|
| PC → Mi | 温度測定の指示を出す |
| PC → Mi | リレー制御コマンド.<br>$n$ = ノード番号<br>$r$ = リレー番号('0'～'3')<br>$s$ = ON('1')/OFF('0') |
| PC → Mi | サーボ角度設定コマンド.<br>$n$ = サーボ番号<br>$vv$ = 16進数2桁の角度 |
| PC → Mi | PWM値設定コマンド.<br>$n$ = PWMチャネル番号.<br>$vv$ = 16進数2桁のPWM値 |

| 方向 | 説　明 |
|------|--------|
| PC ← Mi | Mコマンドの応答."$TTT$"は摂氏温度を10倍した整数値を3桁の数字で表したもの |
| PC ← Mi | スイッチの状態変化の通知コマンドの応答.<br>$s$ = ステータス値 $b_0$:$SW_1$, $b_1$:$SW_2$, $b_2$:$SW_3$ を1桁の数字で表したもの<br>押したとき対応ビットが'1'になる |

　ノード1とPC間でやりとりされるシリアル・コマンドの一覧を**表9-2**に示します.

# 9-4　ノード2 表示器のプログラミング

## ● 処理の内容

　温度データを受信したら,その値をLCDへ表示させます.温度データは10倍した摂氏温度のバイナリ値で送られてきます.

　メッセージはフィルタを使用して特定するため,受信を検知した後の処理はデータ・フィールドの内容を16ビットのバイナリ値に戻して,それを1/10して小数点第一位までの小数の文字列としてLCDへ表示します.

　また,ボード上のスイッチの状態を読み出して変化イベント(プッシュ→リリースまたはその逆)でCANメッセージを送信して,スイッチの状態が変化したことをノード1へ知らせます.

## ● メッセージの受信

　メッセージ,データの受信については,ノード1などとほぼ同じなので,第8章のCANブリッジの説明などを参照してください.このノードはデータ・フィールドで2バイト受信します.ここには16ビットの温度値(摂氏温度を10倍した値)が16進数で格納されています.これを文字列に変換してLCDへ表示させます.

## ● LCDの表示データのバッファリング

　ただ単にLCDに文字を表示させるだけでは面白くないので,今回は,連続でメッセージを受信した際に表示処理が追いつかずに表示ができなかったり,受信処理が滞ることがないようにLCDの表

**リスト9-1　メイン・ループのLCD表示関係の処理（必要部分の抜粋）**

```
main() {
    // メイン・ループ
    while(1) {
        LCDTask();        // LCD表示処理
    }
}
```

示データをバッファリングするようにしました．今回の用途ではおそらく役不足になりますが，何かのときに応用できるでしょう．

　よく使われるLCDの表示処理では，BUSYステータスをチェックしながらLCDへ文字データを1バイトずつ転送するという方法が採られていますが（または，単純な時間待ちでタイミングを合わせる），LCDの表示（LCDの内部処理）には意外と時間がかかり，連続で表示させる場合，文字や制御データの転送処理に時間がかかってほかの処理が待たされるということがあります．

　そこで，今回作成するプログラムではLCDのBUSY待ちでほかの処理が滞ることがないように工夫しています．その仕組みは表示文字用のリング・バッファを用意して，LCDの表示タイミングに合わせてデータを順次転送するというものです．ちょうどシリアル通信で割り込みを使った送信処理と同じような動作をします．今回の処理では割り込みの代わりにBUSYステータスのポーリングでREADYを検知します．

　LCDの表示データはいったんリング・バッファに格納され，表示タイミング（BUSY解除）はメイン・ループでチェックされます．LCDがREADYで，リング・バッファにデータがある場合，そのデータをLCDへ1バイトだけ転送します．LCDはそのデータの処理中はBUSYになりますが，メイン・ループはLCDがBUSY中は表示処理をスキップしてほかの処理を実行（またはメイン・ループを空回り）します．ループするうちに再びLCDがREADYになると，次のデータをリング・バッファから取り出してLCDへ転送します．この処理をリング・バッファが空になるまで繰り返します．このようにすることで，BUSY待ちで処理が止まることはなくなります．

## ● メイン・ループの構造

　LCDのBUSYステータスを常にチェックするために，メイン・ループにLCDTask()という関数を配置します．この関数は，表示データがリング・バッファにある場合，コールされるたびにLCDのBUSYステータスを読み出してLCDの状態をチェックします．メイン・ループは**リスト9-1**のようなコードになります（関係のない処理は省略）．

## ● LCD表示タスク

　LCDTask()関数の処理は，LCD用のリング・バッファに表示すべきデータが残っていて，LCDがREADYの場合，リング・バッファから1文字取り出してそれをLCDへ転送して関数を抜けます．

　この関数がコールされたときにLCDがBUSYだった場合は何もせずに関数を抜けます．

　リング・バッファに格納されるデータには，文字コードのほかにLCD制御用のレジスタ値も含ま

**リスト9-2　LCD表示タスク**

```
void LCDTask(void) {
    char ch;

    if(LcdChrCnt == 0) {
        // LCDバッファ空
        return;
    }
    if(LCDBusyCheck()) {
        // LCD BUSY
        return;
    }

    // 出力文字ありでLCD Ready
    ch = LCDBuf[LcdOutPtr];                  // リング・バッファから取り出し
    LcdOutPtr = (LcdOutPtr + 1) % 32;        // 次のポインタへ進める
    LcdChrCnt--;                             // 残り文字数を一つ減らす
    if(ch == 0) {
        // エスケープ・コードのとき
        if(LcdChrCnt > 0) {
            // 次のコードを取り出し
            ch = LCDBuf[LcdOutPtr];
            LcdOutPtr = (LcdOutPtr + 1) % 32;    // さらに次のポインタへ進める
            LcdChrCnt--;                         // 残り文字数を一つ減らす
            LCDWriteData2(0, ch);                // レジスタ設定
        }
    } else {
        // 通常の文字コードのとき
        LCDWriteData2(1, ch);                // 文字出力
    }
}
```

れます．たとえば，表示をすべてクリアしたり，カーソル位置を変更するには，レジスタへそれに応じた制御コードを書き込まなければなりません．リング・バッファにはこのレジスタ値と通常の文字コードが混在して格納されるため，取り出す側でこれらを区別する手段が必要です．

そこで，レジスタ値をリング・バッファへ格納する場合は，レジスタ値の前にエスケープ・コードを1バイト挿入します．取り出す側では，エスケープ・コードを見つけたら次のコードは文字ではなく，レジスタ値と判断するようにして区別します．なお，エスケープ・コードは0x00と定義しています．本来0x00の文字コードも存在しますが，このコードは文字としては使わないことにします．

LCDTask()のコードは**リスト9-2**のようになります．リング・バッファのサイズは32バイトとしています．

LCDBuf[]はLCD文字コード用のリング・バッファです．LcdInPtrはリング・バッファへ文字を挿入する際のポインタ（配列のインデックスを指す変数），LcdOutPtrはリング・バッファから文字を取り出す際のポインタ（配列のインデックスを指す変数）です．LcdChrCntはリング・バッファにあるコードのバイト数で，データを挿入すると'+1'，データを取り出すと'−1'されま

**リスト9-3　LCD文字列表示処理**

```
void LCDString(char *str) {
    BYTE p = 0;

    while(str[p] != 0) {
        if(LcdChrCnt < (32 - 1)) {
            LCDBuf[LcdInPtr] = str[p];          // リング・バッファへ挿入
            LcdInPtr = (LcdInPtr + 1) % 32;     // 次のポインタ
            LcdChrCnt++;                         // 文字残数を+1
            p++;
        } else {
            break;
        }
    }
}
```

す．この値が '0' の場合はリング・バッファは「空」ということです．

　LCDBusyCheck()は，LCDがBUSYかどうかを判定する関数です．LCDWriteData2()はBUSYチェックなしで1バイトのデータをLCDに設定する関数です．文字，制御コードの違いは最初の引数で指定できます．

## ● 文字の表示(リング・バッファ挿入)

　文字列を表示する場合，リング・バッファへ複数の文字コードを挿入することで表示ロジック(LCDTask()関数内の処理)が動作します．

　LCDString()はリング・バッファへ文字列を挿入する関数です．NULL終端の文字列を引数にし，NULLの手前の文字までをリング・バッファへ挿入します．コードを**リスト9-3**に示します．ソース・ファイルの互換性を保つためにWIZ-Cのライブラリ関数と同じ名前にしてあるので注意してください．WIZ-Cで使用する場合は，標準ライブラリのLCDはリンクしてはいけません．

　引数strで文字列の先頭アドレスを受け取り，それを順次LCDBuf[](リング・バッファ)へ格納します．格納先は，InPtrが示すインデックスの位置になります．InPtrは文字を格納するたびに '+1' されます．このポインタはリング・バッファ・サイズ(ここでは32)を超えるとラップ・アラウンドして '0' に戻ります．また挿入時には残文字数を示すLcdChrCntも '+1' されます．

　もし，リング・バッファが満杯になり，新たに文字が挿入できないときは，挿入処理は打ち切られて入らなかったデータは切り捨てられます．

## ● エスケープ・コードの挿入処理

　エスケープ・コードが実際に挿入される処理の例をカーソル位置(表示位置)の設定関数で示します．LCDGotoXY()は表示開始位置X，Yを設定する関数です．位置を設定するには，コントロール・コードをレジスタへ書き込む必要があります．コードを**リスト9-4**に示します．

　一般的に入手が容易な，1行が16文字表示のLCDでは，LCD上の表示位置は一次元のアドレスで表現できます．1行目の表示位置(アドレス)は0～0x0F，2行目は0x40～0x4Fとなっています．

**リスト9-4　エスケープ・コード挿入個所の例**

```c
void LCDGotoXY(BYTE x, BYTE y) {
    if(LcdChrCnt > (32 - 2)) {
        return;                     // LCDバッファに空きがないとき
    }

    switch(y) {
        case 1:
            x += 0x40;              // 2行目
            break;
        case 2:
            x += 0x14;              // 3行目(4行 LCD用)
            break;
        case 3:
            x += 0x54;              // 4行目(4行 LCD用)
            break;
    }

    x |= 0x80;                              // LCD address set command
    LCDBuf[LcdInPtr] = 0;                   // エスケープ・コード挿入
    LcdInPtr = (LcdInPtr + 1) % 32;
    LCDBuf[LcdInPtr] = x;                   // レジスタ値
    LcdInPtr = (LcdInPtr + 1) % 32;
    LcdChrCnt += 2;
}
```

また，4行表示のものは，3行目が0x14～0x23，4行目が0x54～0x63となっています．3行目，4行目のアドレスが2行目と連続していないのは，2行表示の制御ソフトウェアと互換性をとるためです．

このアドレスの最上位ビットを '1' にしたもの(0x80でORしたもの)をレジスタへ書き込むことで表示位置が設定されます．

先述のようにこのコードをリング・バッファへ挿入するわけですが，文字コードと区別するために，このコードの直前にエスケープ・コードの0x00を挿入しています．

なお，2バイト挿入する必要があるため，前もってリング・バッファに2バイトの空があるかどうか調べてから処理を継続するようになっています．

## ● スイッチ状態の変化イベントの検出

スイッチが押されたとき，または押されたスイッチが離されたときにその変化のタイミングをノード1にCANメッセージで通知します．変化を検知するために，常にスイッチの状態を監視する必要があります．

メイン・ループの中で，スイッチの状態を読み出し，前回の状態と比較して変化があったときにCANメッセージの送信処理を行いますが，スイッチのチャタリングを防止するために，連続で100回同じ状態が続いたときに状態が確定したものと見なすような処理を入れてあります．状態を確定するカウンタを用意し，状態が変化したときに '0' にリセットします．このカウンタは，メイン・ルー

プの周期で同じ状態が継続している間は，'1' ずつ加算され，この値が '100' に達したときに状態が確定したと判断します．

　状態が確定したあとは，その状態をデータ・フィールドに設定して「SWステータス」メッセージをノード1に送信します．

## 9-5　ノード3 温度測定のプログラミング

### ● 処理の内容

　1秒周期で測定した温度の電圧値をA-Dコンバータでディジタル値に変換し，それをノード2へ送信して温度を表示させます．また，ノード1からの要求により，直近の測定温度をノード1に送信します．

　ノード1からの温度データの要求はリモート・フレームで送られてきます．そのメッセージに応じて，データ・フレームで温度値を返します．

　受信するメッセージは「温度要求」MSG_N31_INQTMPと「リレー制御」MSG_N31_RLYSWの二つあるため，マスクとフィルタを利用してこの二つのメッセージだけを受信できるようにします．今回はメッセージが二つだけなので，マスクを適用せずにフィルタを二つ使って完全に一致するものだけに対応してもかまいませんが，メッセージの送信先番号（ビット10〜8の3ビット）でヒットさせるようにしておくと宛先だけが限定されるようになるため，送信元やメッセージ内容は任意になります．拡張してメッセージを増やす際にはそのほうが便利です．

### ● 温度の工学値変換

　アナログ温度センサにはLM60を使用します．このセンサは，氷点下温度でも正の出力電圧が得られ，LM35のように負電源を必要としないため，より使いやすくなっています．リファレンス電圧はシャント・レギュレータTL431を使った回路で1205mVを生成させます．この電圧をPICの$+V_{Ref}$端子に加え，正のリファレンス電圧とします．負のリファレンス電圧（$V_{Ref-}$）は0V（PIC内部でGNDに接続）となるように設定します．

　LM60が出力するアナログ電圧値は125℃のとき1205mV，0℃のときは424mVです．リファレンス電圧を1205mVとすると，10ビットA-Dコンバータのフルレンジのバイナリ値1024（正確には1023）のときの温度が125℃ということになります．この関係で変換式を作成し，A-D値から温度を求めます．

　次に変換式を作る過程を説明します（電圧と温度の関係はLM60のデータシートを参照のこと）．

　0℃〜125℃の電位差は，

　　$1205[\mathrm{mV}] - 424[\mathrm{mV}] = 781[\mathrm{mV}]$

　したがって，1℃あたりの電圧は，

　　$781[\mathrm{mV}] / 125[℃] = 6.248[\mathrm{mV}/℃]$

　424mVのとき0℃なので，0mVのときの温度$t$は，

　　　$424[\mathrm{mV}] / 6.248[\mathrm{mV}/℃] = 67.86[℃]$より，

　　　$t = -67.88℃$

したがって，0[V]〜1204[mV]の温度差は，

$$125[℃] - (-67.88[℃]) = 192.88[℃]$$

A-D変換値の1ビットの重みは，

$$192.88[℃] / 1024[\text{digit}] = 0.188[℃/\text{digit}]$$

したがってA-D変換値を$D$とすると，温度$T$は，

$$T[℃] = D × 0.188[℃] - 67.88[℃]$$

で求められます．

実際は整数で扱うために，10倍した温度を求めます．プログラムでは，次のように32ビットの整数演算で計算しています．氷点下のときは負数になるため，符号付き整数で扱う必要があります．

```
T = (int)(((long int)D * 188L - 67880L) / 100L);
```

なお，CCS-Cでは，intはint16，long intはint32と置き換えてください．また，CCS-Cでは32ビット演算がうまく動作しないバージョンがありますが，float(浮動小数点)型が使えるので，その場合は，float型を使って算出してもよいでしょう(現行バージョンのWIZ-Cはプロバージョンのみなので，それを使えばfloat型も使用可能)．

## 9-6　ノード4 リレーのプログラミング

### ● 処理の内容

リレー・ボード(#222)はPICに16F88を使用しているため，#219基板などの16F886とI/Oの初期化処理などが少し異なりますが，SPI通信などCANコントローラの処理は同じです．

処理内容は，リレー制御のメッセージを受信したら，指定のリレーをONまたはOFFさせるだけです．メッセージを受信したあとは，それを判定して該当のリレーを動かすだけの単純なプログラムです．

メッセージはフィルタを使用して特定するため，受信を検知した後の処理はデータ・フィールドの内容で判定します．

フィルタ，マスクの設定部分のコードはリスト9-5のようになっています．メッセージはMSG_N41_RLYSWの一つだけなので，マスクは使用していません(完全一致)．

受信処理はダブル・バッファ対応になっていますが，前述のノード1などと同様なので，処理内容はそちらを参照してください．

受信したあとの処理の判定はリスト9-6のようになっています．ここではリレー1のコードを示していますが，リレー2〜リレー4も出力ポートが変わる以外は同様です．

get_numは受信バッファ0または1にデータの受信があった場合に '0' 以外に設定されています．また，直前の処理で受信メッセージ，データはMsgBuf[]に格納されています．データ・フィールドの2バイトをMsgBuf[6]とMsgBuf[7]から取り出して，それをswitch-case文とif文で判別し，RELAY1_OFFまたはRELAY1_ONマクロでリレー用の出力ポートを操作しています．

**リスト9-5　ノード4のマスク，フィルタの設定**

```
// フィルタ、マスク設定 SID 11bit
CANSetSidFilter0(MSG_N41_RLYSW);        // フィルタ設定
CANSetSidFilter1(0x0000);               // フィルタ未使用
CANSetSidFilter2(MSG_N41_RLYSW);        // フィルタ設定
CANSetSidFilter3(0x0000);               // フィルタ未使用
CANSetSidFilter4(0x0000);               // フィルタ未使用
CANSetSidFilter5(0x0000);               // フィルタ未使用
CANSetSidMask0(0x0FFF);                 // マスク未使用
CANSetSidMask1(0x0FFF);                 // マスク未使用

CANSetFilterRxB0(1);                    // RXB0でフィルタ、マスクを適用
CANSetFilterRxB1(3);                    // RXB1でフィルタ、マスクは使用しない

// 受信バッファのロール・オーバを許可
CANBitModCmd(RXB0CTRL, 1<<BUKT, 1<<BUKT);
```

**リスト9-6　ノード4のメッセージ判定，コマンド処理**

```
if(get_num != 0) {
    // 受信バッファからSIDを取り出す
    msg = MAKE_SID(MsgBuf[1], MsgBuf[2]);   // 使わない

    rlynum = MsgBuf[6];                     // リレー番号
    rlysw = MsgBuf[7];                      // 1=ON / 0=OFF
    // 受信メッセージ判定
    switch(rlynum) {
        case 0:                             // リレー1
            if(rlysw == 0) {
                // OFF
                RELAY1_OFF;
            } else {
                // ON
                RELAY1_ON;
            }
            break;
        (中略)
    }
}
```

## ■ 9-7　ノード1 ホスト・インターフェース制御用Windowsアプリケーション

### ● 専用アプリケーション

　ノード1はPC上のターミナル・ソフトから操作可能ですが，第7章，第8章と同様，簡単に操作ができるように専用のWindowsアプリケーションを作成しました．

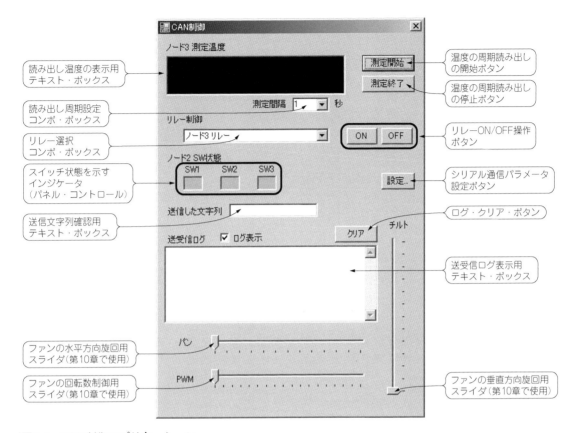

**図9-2　CAN制御アプリケーション**
CANバス上の各ノードを制御するためのホスト・インターフェース（ノード1）制御用アプリケーション．
パン，チルト，PWMの三つのスライダ（トラック・バー）は第10章のArduinoノードで使用する．

図中のラベル：

読み出し温度の表示用
テキスト・ボックス

読み出し周期設定
コンボ・ボックス

リレー選択
コンボ・ボックス

スイッチ状態を示す
インジケータ
（パネル・コントロール）

送信文字列確認用
テキスト・ボックス

ファンの水平方向旋回用
スライダ（第10章で使用）

ファンの回転数制御用
スライダ（第10章で使用）

温度の周期読み出し
の開始ボタン

温度の周期読み出し
の停止ボタン

リレーON/OFF操作
ボタン

シリアル通信パラメータ
設定ボタン

ログ・クリア・ボタン

送受信ログ表示用
テキスト・ボックス

ファンの垂直方向旋回用
スライダ（第10章で使用）

ノード3 測定温度

測定開始

測定終了

測定間隔 1 秒

リレー制御

ノード3 リレー

ON　OFF

ノード2 SW状態

SW1　SW2　SW3

設定...

送信した文字列

送受信ログ　☑ ログ表示

クリア

チルト

パン

PWM

## ● アプリケーションの仕様

アプリケーションの外観は**図9-2**のようになっています．

ノード3から温度を読み出すために，周期的に温度の読み出しコマンドを送信し，その応答を温度表示用のテキスト・ボックスへ表示させます．測定の周期はコンボ・ボックスで変更可能で，測定の開始，停止はボタンで操作します．

ノード2で操作したスイッチのON/OFF状態はインジケータ（パネル・コントロールを利用）の色を切り替えて表現します．

本章では使用しませんが，第10章で接続するArduinoのCANノードに接続したサーボ・モータやDCモータのPWM制御用のスライダ・コントロールを三つ実装しておきます．

## ● プログラムの説明

このプログラムも，第7章，第8章と同様に基本的にはシリアル通信でコマンドをノード1宛に送信し，その応答を画面に反映させるというものです．

シリアル通信部分のプログラムは，受信した内容の扱いや送信する内容が異なる以外は，第7章の CANバス・モニタのプログラムと同様なので，そちらを参照してください．

　シリアル・コマンドの一覧を**表9-2**(p.148)に示しました．

　温度値やスイッチの状態は，応答の内容を判断して，専用のコントロールへ反映させます．

　温度値は，「温度測定コマンド」に対する応答(「温度応答」)として返ってくるので，周期的に「温度測定コマンド」を送信する必要があります．タイマ・コントロールを利用して周期的に呼び出されるタイマ・イベント・ハンドラで「温度測定コマンド」を送信します．

　「温度応答」を受信すると，温度値を専用のテキスト・ボックスへ表示させます．

　ノード2のスイッチの状態は，各スイッチのON，OFF(ONが押された状態)のタイミングで「SW ステータス通知」が送られてくるので，そのメッセージに応じて対応するパネルの色を切り替えます．スイッチが押された状態が「赤」，離された状態が「シルバー」に表示するようにしてあります．

　そのほか，第10章で使用するスライダ関係は，スライダ(トラック・バー)がドラッグされたときに発生するイベントのハンドラで，ポジション値をノード1へ通知することで設定値を反映させます．ポジション値はそのまま，角度値(またはPWMデューティ値)となるようにレンジを設定してあります．

## ● ホスト・インターフェース制御用Windowsアプリケーションの使い方

　温度の測定(読み出し)は周期的に行われます．「測定開始」のボタンをクリックすると，「測定間隔」コンボ・ボックスで設定されている時間間隔で温度値が読み出され，温度表示欄に温度が表示されます．「測定終了」ボタンをクリックすると，更新が止まります．

　ノード3またはノード4のリレーを操作するには，「リレー制御」のコンボ・ボックスで操作対象のリレーを選択し，右側のONまたはOFFのボタンをクリックします．

　受動的な動作として，ノード2の三つのSWを操作すると，「ノード3 SW状態」のインジケータの色が変化します．ノード2のスイッチを押すと対応するインジケータが赤色に変化し，離すとシルバーに戻ります．

　ノード1へ送信されたシリアル・コマンドの文字列は，「送信した文字列」のテキスト・ボックスへ表示されるため(デリミタの¥r¥nは除く)，送信内容を確認することができます．

　シリアル通信でPCとノード1でやりとりされるコマンドや応答は，「送受信ログ」のテキスト・ボックスへ順次表示されます．「クリア」ボタンをクリックすると，全テキストがクリアされます．

　「ログ表示」のチェック・ボックスのチェックを外すとログ表示を止めることができます．

　「チルト」，「パン」，PWMの三つのスライダ(トラック・バー)は第10章のArduinoを使ったノードで，サーボ・モータやDCモータの回転数を制御するためのもので，本章では使用しません．

　機材に余裕があれば，第7章で製作したCANバス・モニタをほかのノードと同じようにCANバスに接続しておけば，CAN通信をモニタすることができます．

オープン・ハードウェアのプラットホームで動かす

# Arduino で CAN 制御

本章ではAVRの使用例として，オープン・ハードウェア・プロジェクトで開発されている Arduinoというマイコン・ボードにMCP2515を接続し，Arduino版のCANノードを製作します．

## 10-1 Arduino について

### ● Arduino のハードウェア

Arduinoは Creative Commons Attribution Share-Alike 2.5という，オープン・ハードウェアのライセンスのもとで資料などが無償で公開さている基板＋開発ツールからなるシステムです．回路図などの情報は公開されていて，だれでも自由に製作することができます．類似製品や派生製品も多数ありますが，製品名にArduinoという名称を使うことはできません．

オリジナルのArduinoはSmart Projectsが製造しています．本書執筆時に販売されている最新の Arduino Duemilanoveには，従来のATmega168に代わりプログラムROM容量が2倍のATmega328 が使われています．

回路構成はシンプルで，CPUのほか，16MHzの発振子にシリアル-USB変換チップ（FTDI社の FT232RL），USBコネクタ，電源回路，リセット・スイッチなどで構成されています．

汎用のディジタル信号やアナログ入力信号の端子は，基板の端にあるコネクタ（ピン・ヘッダ・ソケット）から取り出すことができます．ここに「シールド」とよばれる拡張ボードを実装できます．

今回使用している Arduino Duemilanove は国内でも 3,000 円前後で購入でき，USB ケーブルさえ用意すればPCに直結でき，プログラム更新の際のAVRライタも不要です（**写真10-1**参照）．

### ● Arduino の開発ツール

開発ツールには，Processingというオープンソース・プロジェクトで開発されたIDE（統合開発環境）に，同プロジェクトから派生したWiringという言語と，それにC/C++言語を組み合わせた C/C++ ライクな言語が使われます．

このIDEは，「スケッチ」（ソース・ファイル）の編集，コンパイル，ハードウェアへのプログラム転送（アップロード）などの機能があります．

**図10-1**はIDEの外観です．上半分が「エディタ・ペイン」，下半分がコンパイルの状況，実行結果などを表示するための「ステータス（情報）ペイン」です．

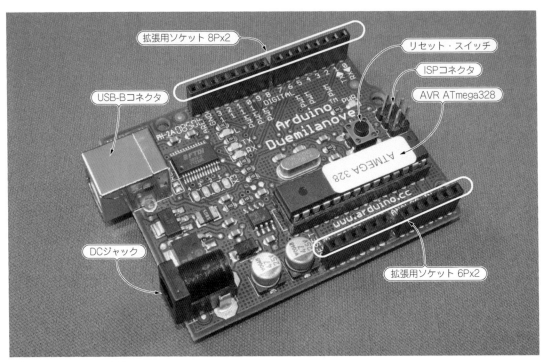

**写真10-1　Arduino本体**
Arduino Duemilanove本体の写真. 本書では独自に製作した拡張基板を拡張用ソケットに接続してCANに対応させている.

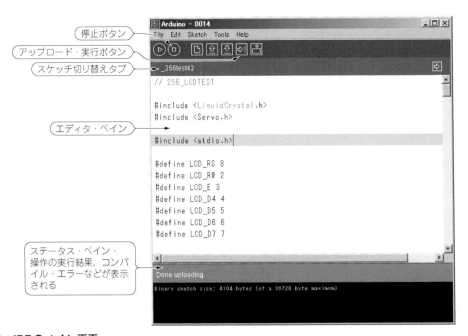

**図10-1　IDEのメイン画面**
エディタ, コンパイラ, ダウンローダの機能をもった開発環境の外観例.

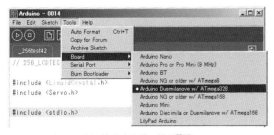

（a）使用するボードの選択

（b）シリアル・ポートの設定

**図10-2　利用する前の設定**

# 10-2　Arduinoの使い方

## ● Arduinoの電源

　Arduinoの電源はUSBから供給されますが，ACアダプタを接続すると自動的にACアダプタに切り替わります（Duemilanoveの場合）．PCから切り離して動作させる場合はACアダプタが必要ですが，それ以外はUSBから供給される電力が利用できるため，ACアダプタは接続する必要はありません．

　いずれの場合も，USBの電流容量やArduinoのオンボード・レギュレータの容量の制限で，あまり大きな電力は供給できません．オンボード・レギュレータの最大定格電流は500mAなので，実際に供給できる電流は200～300mAが限界でしょう．

　サーボ・モータを使う場合は，モータの大きさにもよりますが，1～2Aは必要ですので，Arduinoからの電源を当てにできないので，本章で製作する拡張ボードでは別電源が接続できるようになっています．

## ● FT232デバイス・ドライバのインストール

　ArduinoはUSB-シリアル変換にFTDI社のFT232RLを使用していますが，IDEを実行する前に同デバイスのデバイス・ドライバをインストールしておく必要があります．

　ArduinoをUSBでPCに接続すると，まだドライバがインストールされていない場合は，ドライバのインストールが始まります．このとき，あらかじめ用意しておいたFT232のドライバのファイルを指定してインストールを進めます．

## ● IDEのインストール

　IDEのインストールは，プログラムをArduinoのサイトからダウンロードして入手した後，適当なフォルダに解凍するだけです．展開された`arduino.exe`という実行ファイルを実行すると**図10-1**のようなIDEが起動します（この図の画面はスケッチを読み込んだ後のもの）．

　起動したら，初めにメニューのTools-Board-Arduino Duemilanove w/ ATmega328をクリックして使用するボードを選択します［**図10-2(a)**参照］．

　次に，Tools-Serial Port-COM*x*をクリックしてシリアル・ポートを選択します［**図10-2(b)**］．

COMx の x は Arduino の F232RL がアサインされているポート番号(デバイスマネージャで確認できる)です.

　設定はこれだけです. なお, IDE でスケッチ(ソース・ファイル)を編集せずに, 外部のエディタを使いたい場合は, File-Preferences で Preferences ウィンドウを開き, そこで, Use external editor にチェックをつけると, IDE のエディタ・ペインは色が変わり, リード・オンリになります.

　この Preferences ウィンドウでは, スケッチの保存先のフォルダを設定することもできます.

## ● コンパイル, 実行

　Arduino にはブートローダが組み込まれていて, コンパイルされたプログラムは, IDE でのアップロード操作により USB 経由で Arduino へ転送されます. 転送が終わると, 即アップロードしたプログラムを実行し始めます. アップロードの操作を行うと転送前に自動的にコンパイルされるので, コンパイル・エラーが発生しなければ, コンパイルを意識する必要もありません(コンパイルにそれなりに時間はかかる). コンパイル・エラーが発生すると, IDE 下側のステータス・ペインにエラー・メッセージが表示されます.

## ● コンパイラの制約と AVR ソース・コードの流用

　基本的には, WinAVR で使用しているソース・コードがコンパイルでき, WinAVR で用意されているライブラリも使用可能ですが, AVR 用に作成した CAN 制御プログラムを移植して実際に使ってみると, うまく動かないものもありました.

　ビット・フィールドのポインタ型はコンパイル・エラーにはなりませんが, 正常に動作しないようです. そのため, 該当個所のコードはビット・フィールドを使わないで, 単純にビット操作するように変更しました.

　WORD と BYTE は予約語で, これらの名称で typedef での型定義はできません. ただ, unsigned char は小文字の byte 型として定義済みです. また, typedef unsigned int word は定義可能だったので, ソース・コードの BYTE, WORD は機械的に小文字に変更しました.

　スケッチのメイン・ファイル名(*.pde)は, スケッチが格納されるプロジェクト・フォルダ名と同名である必要があります. また, スケッチ内から別のヘッダ・ファイルをインクルードすることも可能ですが, そのヘッダ・ファイルはスケッチと同一のフォルダ内にあるものに限られます(サブフォルダやほかの階層のフォルダにあるファイルはライブラリのものを除いてインクルード不可).

　ヘッダ・ファイル(*.h)の中に関数をおくことも可能ですが, その中で, digitalWrite() などの標準関数を使うことはできませんでした. この関数は, Arduino の core の wiring.c, wiring.h で定義されていて, スケッチの中ではとくになにもせずにいきなり使用することができますが, ヘッダ・ファイルの中で wiring.h をインクルードしてもコンパイル・エラーになります. パスの指定方法などで, 何かやりようがあるのかもしれませんが今回はあきらめます.

　ハードウェアの制御などはライブラリとして作成しておくと, 標準ライブラリと同様にスケッチにリンクして汎用的に使用することができます. 最終的にはこのような形でまとめるのがよいでしょうが, 今回は単純な関数として作成しました.

# 10-3 Arduinoプログラミングの基本

## ● スケッチの基本構造

スケッチを新規に作成する場合，まず，setup()とloop()というvoid型の関数を定義します．setup()は起動時に一度だけ実行される初期化ルーチンです．loop()はメイン・ループの中身の処理です．通常は，loop()の中でループさせてはいけません．スケッチ上には現れませんが，実際は次のようなmain()関数のコードが実行されているはずです．

```
main() {
 setup();
 while(1) {
     loop();
 }
}
```

## ● ライブラリのリンクと使用法

Arduinoのライブラリには，標準で，EEPROM，Ethernet，Liquid Crystal(LCD)，Servo，Wire(I²C)といったライブラリが用意されています．

使用方法は簡単で，ライブラリにより多少違いはありますが，基本的には，各ライブラリのヘッダ・ファイルをスケッチの最初のほうでインクルードし，必要に応じてオブジェクトをインスタンス化するだけです．ライブラリによっては，ピンをアサインするなどの初期化処理をsetup()内に記述する場合もあります．

たとえば，Wire(I²C)は次に示すようにヘッダ・ファイルWire.hをインクルードします．

　#include <Wire.h>

初期化処理に次のコードを記述します．

　Wire.begin();

これだけで，Wire(I²C)オブジェクトを使って，I²Cのマスタ通信ができるようになります．

ServoはServo.hをインクルードして，オブジェクトをインスタンス化します．

　#include <Servo.h>

　Servo myservo;　　　　　　　　// サーボ・オブジェクトのインスタンス化

また，サーボの接続先のディジタル・ポートをアサインするため，初期化処理に次のようなコードを記述しておきます．SERVO_PORTはサーボ信号が接続されているディジタル・ポートの番号を#defineで定義した定数です．

　myservo.attach(SERVO_PORT);

同様にLiquid Crystal(液晶表示器)は次のようにします．インスタンス化の際，引数で信号の接続先ポートを指定します．引数のLCD_XXはディジタル・ポート番号(論理番号)を#defineで定義した定数です．

```
#include <LiquidCrystal.h>
// LCDオブジェクトのインスタンス化
LiquidCrystal lcd(LCD_RS, LCD_RW, LCD_E, LCD_D4, LCD_D5,
LCD_D6, LCD_D7);
```

## ● Wire(I²C)オブジェクトについて

今回，本書ではI²Cは使用していませんが，使う頻度が高いと思われるので，少し説明しておきます．

Wireオブジェクトは I²C のマスタ送信，マスタ受信，スレーブ送信，スレーブ受信の機能があります．

マスタとスレーブの設定は，Wire.begin() の引数で切り替わります．このメソッドの引数に7ビットのスレーブ・アドレスを指定すると I²C スレーブとして初期化され，引数なしだと I²C マスタとして初期化されます[同じ名称のメソッドだが，実際は違うメソッドがコールされている(オーバロード)]．

マスタ時のスタート・コンディションの発行は，Wire.beginTransmission() メソッドで，ストップ・コンディションの発行はWire.endTransmission() で行われます．ただ，リピート・スタート・コンディションを発行する手段がありません．

リピート・スタート・コンディションは，EEPROM からデータを読み出す際など，アドレスをマスタ送信して，続けてデータをマスタ受信する際などに必要ですが，用意されている関数を使う限り，どうやってもリピート・スタート・コンディションは発行できないようです．

AVRのTWIモジュールはリピート・スタート・コンディションを発行する機能はありませんが，ストップ・コンディションを発行しないで立て続けにスタート・コンディションを発行すると，リピート・スタート・コンディションとすることができます．それを期待して，Wire.endTransmission() を実行しないで続けてWire.requestFrom() を実行してみましたが，リピート・スタート・コンディションを発行することはできませんでした(データがつながってめちゃくちゃになる)．

## 10-4　CAN対応の拡張ボード(#258)の製作

## ● 拡張ボードの仕様

CANコントローラには本書ではおなじみのMCP2515を使用します．したがって，ArduinoとMCP2515はSPIで接続します．ここでもソフトウェアでSPIを制御するため，任意のディジタル・ポートが使用できますが，RCサーボやFETの制御にPWMを使うことも想定されるので，それを考慮します．

この拡張基板はArduino本体の上側に乗せるドータ・ボード(シールドと呼ばれる)として設計してあります．

## ● 使用する部品

　Arduinoとの接続には，シングルのピン・ヘッダが使用できますが，一部2.54mmピッチからずらして配置されているソケットがあるため，そのままでは，ユニバーサル基板が使用できません（拡張基板の逆ざし防止のための安全策だと思われる）．小型化のためCANコントローラにSSOPパッケージを使うということもあり，専用基板（#258）を製作しました．

　LEDの制御にシフトレジスタのHC595（SOIC）を使用しています．CANコントローラには，MCP2515のSSOPパッケージ，CANトランシーバにはMCP2551のSOICパッケージのものを使用しています．

　また，パワーMOS FETにはSOICパッケージでデュアル・タイプ（2素子内蔵）のNチャネルMOS FET NDS9936を2個使用して四つのDC出力を制御します．

　MCP2515のパワーONリセット用にマイクロチップ社のリセットIC TCR809-Jを使用しています．

　基板側のサーボ用コネクタとして，一般的な2.54mmピッチのピン・ヘッダを利用しています．サーボ側コネクタからすると少しピンが太過ぎるようですが，何とか挿入できます．

## ● 拡張ボードの回路

　回路図を**図10-3**に示します．CANコントローラ周辺の回路はPIC版のノードのものとほぼ同じです．MPC2515はSOICパッケージの場合は18ピンですが，SSOPパッケージでは20ピンで，一部ピン・アサインが異なっているので注意してください．

　8個の汎用LEDはシフトレジスタHC595で制御しますが，データとシフト・クロックはCANコントローラのSPI信号のSDI，SCKと兼用になっています．CANコントローラはCS信号で有効になり，HC595はLAT信号で出力が確定するため，それぞれ個別に制御することで，データとクロック信号を兼用にできます．

　RCサーボを接続する場合，Arduinoのオンボード・レギュレータでは力不足なので，RCサーボ用の電源を別に接続できるようにしてあります．ちょっとした実験の場合は，Arduinoから電源をもらってもかまいませんが，長時間使用する場合や，RCサーボに負荷をかける場合（とくにUSBから電力を供給している場合）は，5V 1～2A程度の安定化電源を接続するようにしてください．電源の切り替えはジャンパで行えます．

　なお，この電源入力は，Arduino側に電力を供給することはできないので，サーボ用に別電源を使う場合でも，Arduinoにも電源を接続する必要があります（USBのバス・パワーでも可）．

　FETは二つのFETが一つのパッケージに内蔵されたものを使用していますが，回路は一般的なソース接地の回路です．FETも別電源が接続できるようになっています．5Vより大きな電源（12Vなど）も接続できます．

　イルミネーション用のLEDや小型のDCモータの接続を想定しています．

　タクト・スイッチはオプションですが，アナログ・ポートに接続されているため，スイッチを使用する際は，対応するポートをディジタルに切り替えて，プルアップを有効にする必要があります．今回は使用していません．

　汎用に8個のLEDを搭載していますが，ポート数を節約するために，シフトレジスタHC595を使用して，シリアル信号で制御しています．

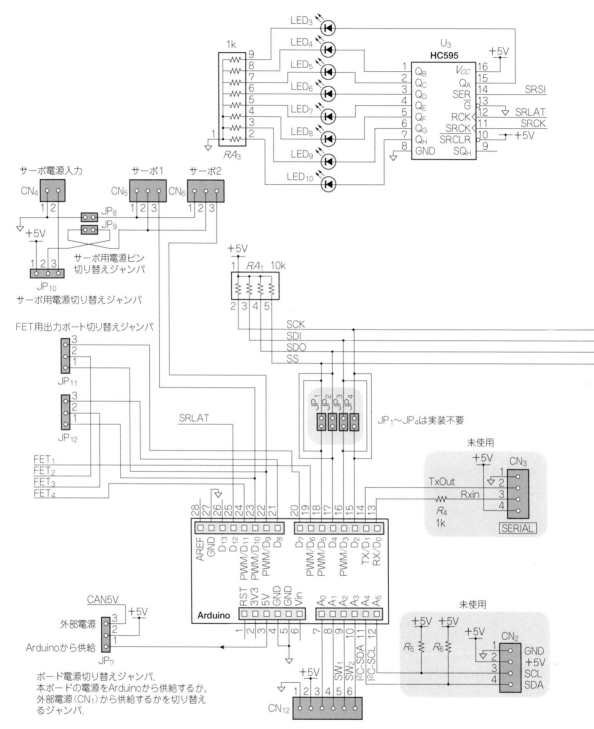

**図10-3 Arduino用拡張基板の回路図**

Arduinoの拡張コネクタに接続して使用するCAN対応の拡張基板（#258）の回路図を示す.

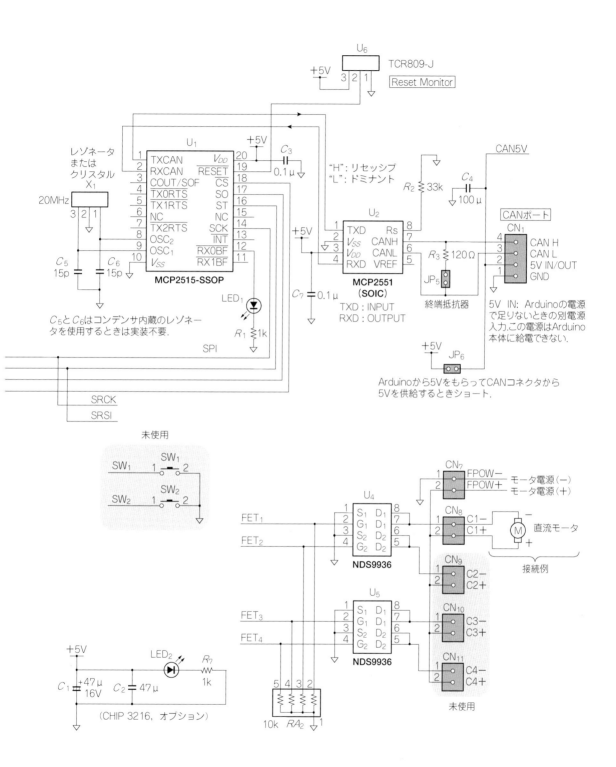

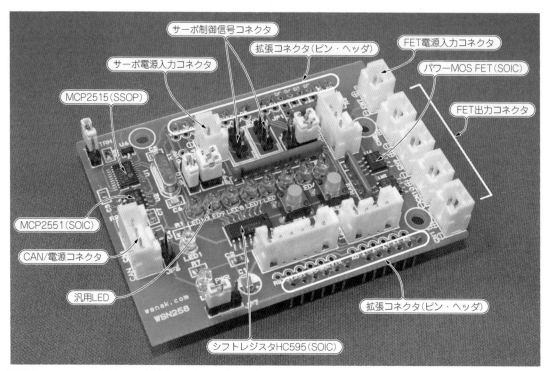

サーボ制御信号コネクタ
拡張コネクタ（ピン・ヘッダ）
FET電源入力コネクタ
サーボ電源入力コネクタ
パワーMOS FET（SOIC）
MCP2515（SSOP）
FET出力コネクタ
MCP2551（SOIC）
CAN/電源コネクタ
汎用LED
拡張コネクタ（ピン・ヘッダ）
シフトレジスタHC595（SOIC）

**写真10-2　Arduino用CAN対応拡張ボード（#258）**
Arduinoに積み重ねて使用する，CAN対応の拡張ボードの外観．この写真は試作品のため，使用しない部品も実装されている．

## ● 製作

　ユニバーサル基板で製作することは，前述のように面倒ですが，ケーブルでArduinoの信号を引き出すような方法なら，ユニバーサル基板で製作することも可能です．その場合は，IC類はDIPタイプを使うことになりますが，MCP2515のピン配置がDIP/SOICとSSOPで異なるので，それだけ注意してください．また，FETもトランジスタ形状のものを使うことになります．その場合は，1chに付き1個のFETが必要になります．

　**写真10-2**に拡張基板（#258）の外観を示します．また，**図10-4**に専用基板のレイアウト図を示します．抵抗，コンデンサも含めてチップ部品を多用していますが，はんだ付けのたびに基板をひっくり返す必要がないので，慣れるとスルーホール部品より早く製作できるかもしれません．

　この拡張基板は3か所にネジ留め用の穴が用意してあるので，M3×11のスペーサとM3のビスでArduinoにネジで固定することができます．

## ● ジャンパ，コネクタ

　ジャンパ，コネクタの配置，用途，設定は，**図10-5**にまとめてあります．サーボを使う場合は，5V 2A程度の安定化電源をCN$_4$に接続し，そこから電力を供給するようにしてください．この場合，JP$_{10}$で外部電源から供給するように設定しておく必要があります．

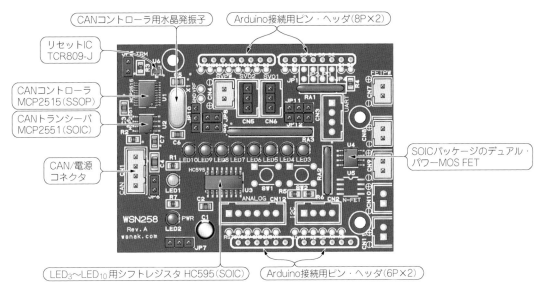

**図10-4　拡張ボード（#258）の部品レイアウト図**
拡張ボードの部品のレイアウト例を示す．一部，未使用部品は省略してある．コネクタ，ジャンパ設定に関しては図10-5参照．

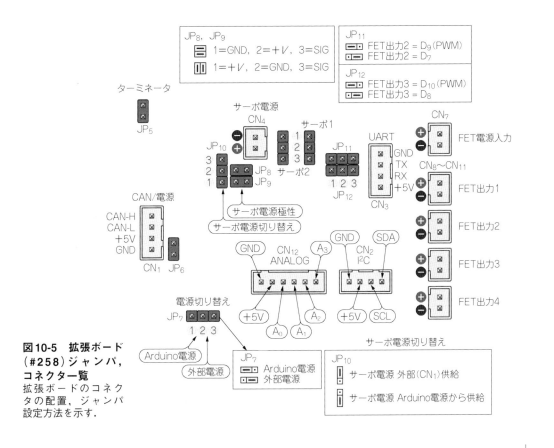

**図10-5　拡張ボード（#258）ジャンパ，コネクタ一覧**
拡張ボードのコネクタの配置，ジャンパ設定方法を示す．

もし電力が足りないと，サーボの回転時などに電圧がドロップしてArduinoが異常動作を起こすおそれがあります．

また，サーボのメーカ，種類によっては，GNDと＋電源の位置が逆のものがありますので，サーボに付属している説明書などで極性を確認して，必要ならJP$_8$，JP$_9$で極性を入れ替えてから接続してください．

## 10-5　CAN制御プログラム

### ● AVR用CANドライバの移植

CANドライバ・プログラムは，ポートのアサインを拡張基板に合わせるだけで，基本的には，第6章で作成したAVR用のプログラムがそのまま使えるのですが，前述のように，ビット・フィールドのポインタを使わずに，ビット値を直接設定するように変更してあります．

また，BYTE型，WORD型を小文字に変更してあります．それ以外の内容はほとんどAVR版，PIC版のドライバと同じです．

ドライバ本体のコードは，関連マクロと併せてCAN2515.hというファイルにまとめて，スケッチの先頭でインクルードしています．

CAN通信で使用するSPIはソフトウェアで制御します．このとき使用するI/Oポートのアサインは2515SpiPort.hで定義しています．このファイルは#258基板に合わせたものですが，何らかの理由でポートを変更したい場合は，このファイルの定義を書き換えてください．このファイルもポートの割り振りが違う以外は，AVR版のものと同じ内容です．

### ● シフトレジスタを使ったLEDの制御

出力ポート数を節約するために，LEDの制御は8ビットのシリアル→パラレル変換型のシフトレジスタで制御しています．このレジスタは，レジスタの後段にラッチがついているので，シフト終了後にラッチ・パルスを加えることで，出力を確定させることができます（シフト途中の状態が出力されない）．

制御は簡単で，出力値をMSBから1ビットずつ取り出してデータ・ポートに設定し，クロック・パルスを出力してこれを8回繰り返し，最後にラッチ・パルスを出力するだけです．

制御関数のコードをリスト10-1に示します．

SRBufは，シフトレジスタの出力段に現在出力している値を保持するための8ビットの外部変数です．特定のビットだけON/OFFさせたいときにビット演算する際に利用できます．

SR_DAT_xはシフトレジスタのデータ信号を"H"または"L"に設定するマクロです．同様に，SR_CLK_Xはクロック，SR_LAT_Xはラッチを制御するマクロです．いずれも，ビット演算で直接ポートを操作しています．

### ● FETのON/OFF制御，PWM制御

サーボ出力を使わない場合は，FETポートは4チャネルともPWM対応になります．2本の信号線が，RCサーボとFETポートの切り替えになっています．ジャンパで切り替え可能ですが，サーボを

**リスト10-1　シフトレジスタ制御**

```
void SetSR(byte val) {
  byte i;

  SRBuf = val;
  for(i = 0; i < 8; i++) {
    if((val & 0x80) != 0) {
      SR_DAT_1;
    } else {
      SR_DAT_0;
    }
    val <<= 1;
    SR_CLK_H;                    // シフト・パルス
    SR_CLK_L;
  }
  SR_LAT_H;                      // ラッチ・パルス
  SR_LAT_L;
}
```

使う場合は，FETの該当ポートは非PWMのポートに接続されるため，ON/OFFのみの制御になります．

　単純にON/OFFするだけなら，該当するディジタル・ポートを"H"レベルにするとFETがONして出力コネクタに電力が発生します．

　PWMで制御する場合は，ライブラリのanalogWrite()を使用します．設定値は0～255で，デューティが0%から100%に変化します．

## ● サーボ・モータの制御

　#258基板では，RCサーボ・モータは二つまで接続できます．

　サーボの制御には，Arduino標準ライブラリのServoオブジェクトを使用します．このオブジェクトを使用するには，Servo.hをインクルードしておきます．また，オブジェクトをインスタンス化して，接続するディジタル・ポートをアサインするためにattach()関数を実行しておく必要があります．

　初期化して，サーボの角度を設定するコードの例を**リスト10-2**に示します．

　write()メソッドの引数は角度で，0～180°で指定できます．

## ● 評価用プログラム

　動作確認，評価用として，第5章のプロジェクト002のノード1とほぼ同じ動作をするプログラムをArduino用に作成しました．PIC版，AVR版とほぼ同じ動作をしますが，LEDのON/OFFに加えて，四つのメッセージに応じてFETポートを1チャネルずつONするようにしてあります．FET電源に電源をつなぎ，FET出力へモータやランプ，LED（電流制限抵抗器が必要）などをつなげば，スイッチングも確認できます．

リスト10-2　サーボ制御

```
#include <Servo.h>
Servo Servo1;              // インスタンス化

void setup() {
  Servo1.attach(9);        // ディジタル・ポートの'9'にアサイン
  Servo1.write(90);        // 角度を設定
}
```

プログラムの内容はソース・ファイルを参照してください.

## 10-6　Arduino使用のCANノードの製作

### ● 応用セット

　#258ボードは，サーボ・モータやDCモータなどが接続できるように作ったので，それらのアクチュエータを実際に使った簡単な応用セットを製作します.　このセットは第9章で製作した組み合わせセットのCANバスに接続し，PCから制御することにします.

　何か簡単にできて，サーボやDCモータが使えるものがないかということで，遠隔操作で風向き，風量を変えられる扇風機（サーボに模型用のモータとファンを取り付けた簡単なもの）を製作することにしました.

　CANバスに接続したPCから角度と風量コマンドを出して，遠隔で操作できるようなものを作ります.

### ● 使用する部品と材料

　扇風機には，PC内部などでよく使われるDCファンを使ってもよかったのですが，RCサーボ・モータに小型のものを使っているので，小型で軽量なものを模型材料で作ることにしました.　モータは1.5V～3Vで駆動できるマブチモーター製のFA-130を使いました.　そのほか，ホーム・センタや模型ショップで購入できる，プラスチック製のモータ・ブラケットとプロペラを使用しました.

　モータの電圧が3Vと低いので，3VのACアダプタか，乾電池2本を用意して，FET電源のコネクタ（$CN_7$）へ接続します.

　RCサーボ・モータは1,000円程度で購入できる，GWS製のGWSSPICO/STD/Fというものを二つ購入しました.　昔はサーボ一つで1万円ぐらいしましたが，安くなったものです.

　扇風機本体は**写真10-3**のようにガラス・エポキシのユニバーサル基板を利用してブラケットを作り，パン（水平）方向，チルト（垂直）方向に動くようにモータ・ブラケットを固定してあります.

　紙エポキシの基板のほうが作りやすいかもしれませんが，著者は切断にPCBカッタ（学校などによく置いてある，紙の裁断機のようなシャーリング機）を使用しているので，ガラス・エポキシのほうが切断しやすいという理由で使用しています（紙エポキシは割れやすい）.

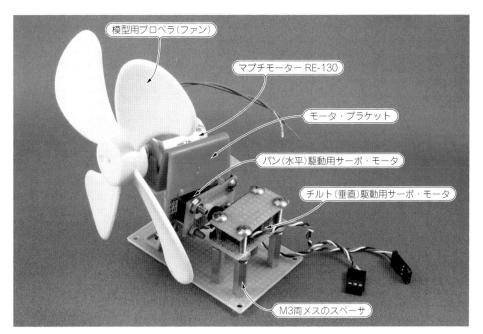

**写真 10-3　扇風機の外観**
模型材料とガラス・エポキシのユニバーサル基板で製作した扇風機の外観．パンとチルトの駆動にそれぞれ小型のサーボ・モータを使用している．

## ● 製作

　ブラケットなどは入手できる材料に合わせて適当に作ってください．**写真10-4～写真10-6**に各部の写真を示します．製作の参考にしてください．

　一番重要な点は，ブラケットやサーボ・ホーンの取り付け方法です．やっかいなのは，ブラケットやサーボ・ホーンはナイロン製のようなので完全な接着はできないことです．今回は，セメダイン社の「スーパーX」という接着剤を使用しましたが，モータ・ブラケットは最終的には，強力型の両面テープで固定しました．接触面積が大きい場合は，両面テープのほうがしっかり固定できるようです．ただし，スポンジ状になっているため，ピタッと固定することはできません．ものは考えようですが，今回は，モータの振動を吸収するダンパと考えましょう．

　うまく接着できない場合は，小径のタッピング・ネジかビスとナットで固定する方法もあります．なお，エポキシの接着剤でナイロンは接着できませんが，サーボ・ホーンをすっぽり覆うようにして基板に接着すれば，固定できます．

　**写真10-6**のようにパン用サーボのホーンの上にモータ・ブラケットが乗り，パン用サーボにチルト用のサーボが接続された構造になっています．

　ガラス・エポキシのユニバーサル基板を切断して2枚の板を製作，その板にサーボ・モータを挟んで，四方をネジで軽く固定してあります．チルトはこのネジにスペーサをつけて，全体のベースとなるユニバーサル基板の上にネジ留めしてあります．2枚の板で挟んでサーボ・モータを固定するというのがミソです．

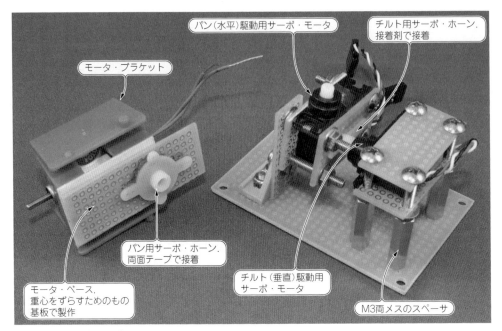

**写真 10-4　機構部分（その1）**
サーボ・モータ，ファン用モータの取り付け部分の写真．サーボ・ホーンは強力型の両面テープ，ゴム系ボンドで接着
している．

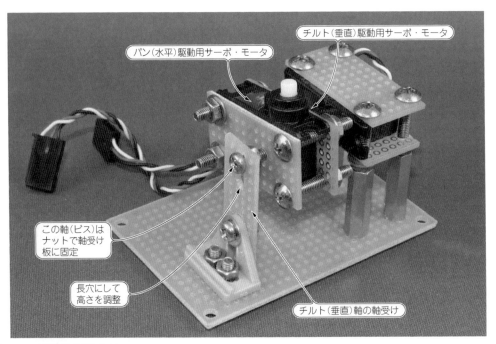

**写真 10-5　機構部分（その2）**
機構部を反対側から見た写真．パン軸は片持ちでは少々不安があるので，軸受けを付けた．

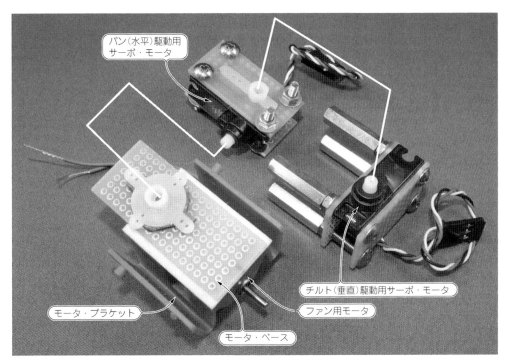

**写真10-6　機構部分（その3）**
機構部を分解した写真．サーボ・モータは2枚の基板とビス，ナットで軽くクランプしている．

　パン用のサーボ・モータも同様の構造になっていますが，こちらには，サーボ・ホーンを接着して，チルト用サーボに接続できるようになっています．片持ちでは頼りなかったので，**写真10-5**のように，チルトのサーボ軸とは反対側に軸受け（支え）をつけてあります．

　パン用のサーボ・ホーンは，モータ・ブラケットに両面テープで接着します．本当は，モータの重心あたりにサーボの回転軸がくるようにするのがよいのですが，プロペラが接触して首振りに支障があるため，前面にせり出すようにしてあります．そのため**写真10-5**のように，モータ・ブラケットはユニバーサル基板で作ったベース板の上に両面テープで固定し，さらにそのベース板にサーボ・ホーンを両面テープで固定しています．

　写真にはありませんが，モータの電源端子に（端子がない場合は，できるだけモータに近い所に）ノイズ・キラーとして0.01μF程度のセラミック・コンデンサをはんだ付けしておいてください．

　なお，ガラス・エポキシ基板を加工する場合は，本来はダイヤモンドなどの超硬ヤスリや，タンガロイ製などの超硬ドリル・ビット（キリ）を使ったほうがよいのですが，ちょっと使用する程度なら普通の鉄工用（HSS鋼）のものでかまいません．ただし，すぐに切れなくなるので，頻繁に工作する場合は，やはり，超硬ビットを持っていたほうがよいでしょう．超硬ビットは硬い分，弾力がなく，細いものは折れやすいので注意してください．

## ● CANメッセージの定義

ほかのノードから当ノードを操作するのに必要なCANメッセージを定義します．第9章のCANバスに接続する場合，当ノードはノード1(ホスト・インターフェース)からの指示で動作することになります．次のような操作ができるようにしてあります．

    (1) 扇風機の角度設定(サーボ制御)

    (2) 扇風機の風量設定(PWM制御)

(1)の角度設定は，サーボの回転角度を設定するもので，Arduinoの標準ライブラリを使うため，設定値は0～180(単位は°)になります．したがって，一つのサーボにつき，データ長は1バイトで足ります．

サーボは二つ使用して2軸を制御するため，角度データも二つ必要ですが，同一メッセージ(SID値)のデータ・フィールドでサーボ番号と角度を指定して1chごとに通知します．

(2)の風量はPWMで制御します．PWMの制御にもArduinoの標準ライブラリを使います．設定値は0～255です．データ長は1バイトです．データ・フィールドはPWMチャネルとPWM設定値の2バイトとします．なお，風量値を '0' にすることで停止させることができます．

メッセージ・フォーマットの詳細は第9章の**表9-1**(p.147)を参照してください．ノード1(ホスト・インターフェース)側はすでに第9章で対応済みなので，ノード1のプログラムは変更する必要はありません．

## ● ホスト・インターフェースのシリアル・コマンド

当ノードを第9章のCANバスに接続する場合は，当ノードはノード1(ホスト・インターフェース)を通してPCから操作されます．そのときに使用されるPCとノード1間のシリアル・コマンドを定義します．

コマンドはCANメッセージと同様，サーボ角度と風量(PWM制御)の二つです．シリアル・コマンドのフォーマットの詳細は**表9-2**(p.148)を参照してください．なお，ノード1(ホスト・インターフェース)側は，すでに第9章で対応済みなので，ノード1のプログラムは変更する必要はありません．

## ● プログラムの説明

プログラムの大部分は，これまで作成した，PIC版，AVR版のノード・プログラムとほとんど同じなので，このArduinoノード固有の部分を簡単に説明します．それ以外は，ほかの章を参照してください．

このノード固有といっても，受信したメッセージから設定値を取り出して，それをArduinoのライブラリ関数やオブジェクトを利用して設定するだけです．

サーボ駆動は，CANメッセージを受信するたびに受信メッセージのデータ・フィールドから角度データを取り出して，サーボ・オブジェクト Servo.write に渡します．

この処理でサーボ・モータが回転します．つまり，CANメッセージを受信するたびにサーボ・モータの角度が更新されます．該当個所のコーディング例を抜粋して次に示します．val は0～180の角度値(単位は°)で，メッセージから得られる値です．また，SERVO1_PIN はサーボが接続されているディジタル・ピンの論理番号です．

```
// 初期化
Servo1.attach(SERVO1_PIN);      // サーボ・オブジェクトのインスタンス初期化
(中略)
// コマンド処理
Servo1.write(val);              // 角度を設定
```

　DCモータの回転数を制御するPWM値はアナログ出力ドライバ`analogWrite()`を利用します．この関数でPWM値を設定すると，PWMのデューティ値が更新され，モータの回転数が変わります．次に該当個所のコーディング例を抜粋して示します．`val`は0～255までのPWMデューティ値(255が100%)で，メッセージから得られる値です．また，`FAN_PIN`はPWM出力ピンのディジタル・ピンの論理番号を定義したものです．

```
// 初期化
pinMode(FAN_PIN, OUTPUT);       // ファンPWM用の出力ピンを定義
(中略)
// コマンド処理
analogWrite(FAN_PIN, val);      // PWM値更新
```

## ● 接続と動作確認

　本章で製作したノードと第8章で製作したCANブリッジを1対1で接続してもよいのですが，どうせなら，第9章で実験したときのように，複数のノードがつながったCANバスに接続してすべて同時に動かすと，いかにもネットワークで接続されて動いているということが実感できると思います．

　操作は，PCからメッセージとデータを送信することで動作が確認できます．ターミナル・ソフトから操作も可能ですが，第9章のノード1(ホスト・インターフェース)の制御プログラムには，当Arduinoノードのコマンドがすでに組み込んであるので，ノード1側はそのままでArduinoノードを操作可能です．また，同章で作成したWindowsアプリケーションには二つのサーボ・モータと一つのPWM値が設定できるようにスライダ(トラック・バー・コントロール)を組み込んであるため，それをそのまま使用できます．

# Appendix A

# MCP2515のレジスタ(一部除く)の構造とビット・マッピングの一覧

(1) TXBnCTRL 送信バッファnコントロール・レジスタ(n = 0,1,2)(アドレス：0x30,0x40,0x50)

| $b_7$ | - | | 未使用 | |
|---|---|---|---|---|
| $b_6$ | ABTF | R | メッセージ・アボート | 1 = メッセージ送信は中断された<br>0 = メッセージ送信は成功した |
| $b_5$ | MLOA | R | メッセージ喪失 | 1 = 調停負けで送信中メッセージを喪失した<br>0 = メッセージは喪失しなかった(正常に送信された) |
| $b_4$ | TXERR | R | 転送エラー検出 | 1 = 転送エラー発生．メッセージ送信は保留中(未送信)<br>0 = 保留中の送信はなし |
| $b_3$ | TXREQ | R/W | メッセージ送信要求 | 1 = メッセージ送信要求(ソフトウェアでセット)<br>0 = 保留中の送信要求なし(送信完了時に自動でリセット) |
| $b_2$ | - | | 未使用 | |
| $b_1$ | TXP1 | R/W | 転送バッファ優先順位 | 11 = 優先度(高)<br>10 = … |
| $b_0$ | TXP0 | R/W | | 01 = …<br>00 = 優先度(低) |

(2) TXBnDLC 送信バッファnDLC(データ長コード)レジスタ(n = 0,1,2)(アドレス：0x35,0x45,0x55)

| $b_7$ | - | R/W | 未使用 | |
|---|---|---|---|---|
| $b_6$ | RTR | R/W | リモート転送要求 | 1 = 送信メッセージはリモート・フレーム<br>0 = 送信メッセージはデータ・フレーム |
| $b_5$ | - | R/W | 未使用 | |
| $b_4$ | - | R/W | 未使用 | |
| $b_3$ | DLC3 | R/W | データ長コード(DLC) | データ・フィールドのデータ長(0～8) |
| $b_2$ | DLC2 | R/W | | |
| $b_1$ | DLC1 | R/W | | |
| $b_0$ | DLC0 | R/W | | |

(3) RXB0CTRL 受信バッファ0コントロール・レジスタ(アドレス：0x60)

| $b_7$ | - | | 未使用 | |
|---|---|---|---|---|
| $b_6$ | RXM1 | R/W | オペレーション・モード | 11 = マスク，フィルタを使用しない<br>10 = 拡張ID(29ビット)としてマスク，フィルタを適用 |
| $b_5$ | RXM0 | R/W | | 01 = 標準ID(11ビット)としてマスク，フィルタを適用<br>00 = 拡張ID，標準ID両対応でマスク，フィルタを適用 |
| $b_4$ | - | | 未使用 | |
| $b_3$ | RXRTR | R | リモート送信要求 | 1 = リモート・フレームの送信要求を受けた<br>0 = リモート・フレームの送信要求は受けていない |
| $b_2$ | BUKT | R/W | ロールオーバ・オプション | 1 = ロールオーバを許可する(本文参照)<br>0 = ロールオーバを禁止する |
| $b_1$ | BUKT1 | R | リード・オンリ・コピー | MCP2515が内部で使用するフラグ |
| $b_0$ | FILHIT0 | R | フィルタ・ヒット | 1 = フィルタ1(RXF1)にヒットした<br>0 = フィルタ0(RXF0)にヒットした |

（4）**RXB*n*DLC** 受信バッファ*n*DLC（データ長コード）レジスタ（*n* = 0, 1）（アドレス：0x65, 0x75）

| b7 | - | R | 未使用 | |
|----|----|----|----|----|
| b6 | RTR | R | リモート転送要求 | 1 = 送信メッセージはリモート・フレーム<br>0 = 送信メッセージはデータ・フレーム |
| b5 | RB1 | R | リザーブ1 | |
| b4 | RB0 | R | リザーブ2 | |
| b3 | DLC3 | R | | |
| b2 | DLC2 | R | データ長コード（DLC） | データ・フィールドのデータ長（0〜8） |
| b1 | DLC1 | R | | |
| b0 | DLC0 | R | | |

（5）**RXB1CTRL** 受信バッファ1 コントロール・レジスタ（アドレス：0x70）

| b7 | - | | 未使用 | |
|----|----|----|----|----|
| b6 | RXM1 | R/W | | 11 = マスク，フィルタを使用しない |
| | | | オペレーション・モード | 10 = 拡張ID（29ビット）としてマスク，フィルタを適用<br>01 = 標準ID（11ビット）としてマスク，フィルタを適用 |
| b5 | RXM0 | R/W | | 00 = 拡張ID，標準ID両対応でマスク，フィルタを適用 |
| b4 | - | | 未使用 | |
| b3 | RXRTR | R | | 101 = フィルタ5（RXF5）にヒットした |
| b2 | FILHIT2 | R | | 100 = フィルタ4（RXF4）にヒットした<br>011 = フィルタ3（RXF3）にヒットした |
| b1 | FILHIT1 | R | フィルタ・ヒット | 010 = フィルタ2（RXF2）にヒットした<br>001 = フィルタ1（RXF1）にヒットした（ロールオーバ設定時のみ） |
| b0 | FILHIT0 | R | | 000 = フィルタ0（RXF0）にヒットした（ロールオーバ設定時のみ） |

（6）**CNF1** コンフィギュレーション1レジスタ（アドレス：0x2A）

| b7 | SJW1 | R/W | | 11 = $4 \times TQ$ |
|----|----|----|----|----|
| | | | 同期ジャンプ長 | 10 = $3 \times TQ$<br>01 = $2 \times TQ$ |
| b6 | SJW0 | R/W | | 00 = $1 \times TQ$ |
| b5 | BRP5 | R/W | | |
| b4 | BRP4 | R/W | | ボーレートのプリスケーラ値を設定． |
| b3 | BRP3 | R/W | ボーレート・プリスケーラ | $TQ = (BRP + 1)/F_{osc}$ |
| b2 | BRP2 | R/W | | $F_{osc} = 20\text{MHz}$で16$TQ$で1CANビット・タイムのとき，BRP=4 |
| b1 | BRP1 | R/W | | |
| b0 | BRP0 | R/W | | |

（7）**CNF2** コンフィギュレーション2レジスタ（アドレス：0x29）

| b7 | BTLMODE | R/W | PS2時間長ビット | 1 = PS2の長さはPHSEG22〜PHSEG20により定義<br>0 = PS2の長さはPS1とIPT（2$TQ$）より大きい |
|----|----|----|----|----|
| b6 | SAM | R/W | サンプル・ポイント・<br>コンフィギュレーション | 1 = サンプル点で3回サンプリングされる<br>0 = サンプル点で1回だけサンプリングされる |
| b5 | PHSEG12 | R/W | | |
| b4 | PHSEG11 | R/W | PH1ビット長 | PH1のビット長を設定．<br>（PHSEG1 + 1）$\times TQ$ |
| b3 | PHSEG10 | R/W | | |
| b2 | PRSEG2 | R/W | | |
| b1 | PRSEG1 | R/W | PropSegビット長 | プロパゲーション・セグメントのビット長を設定．<br>（PRSEG + 1）$\times TQ$ |
| b0 | PRSEG0 | R/W | | |

(8) **CNF3** コンフィギュレーション3レジスタ（アドレス：0x28）

| b<sub>7</sub> | SOF | R/W | SOFピン設定 | 1 = CLKOUTピンをSOFピンに設定<br>0 = CLKOUTピンをクロック出力に設定<br>いずれの場合もCANCLTR.CLKEN = 1の場合に有効 |
|---|---|---|---|---|
| $b_7$ | SOF | R/W | SOFピン設定 | 1 = CLKOUTピンをSOFピンに設定<br>0 = CLKOUTピンをクロック出力に設定<br>いずれの場合もCANCLTR.CLKEN = 1の場合に有効 |
| $b_6$ | WAKFIL | R/W | ウェイクアップ・フィルタ | 1 = ウェイクアップ時のフィルタを有効にする<br>0 = ウェイクアップ時のフィルタを無効にする |
| $b_5$ | - | | 未使用 | |
| $b_4$ | - | | 未使用 | |
| $b_3$ | - | | 未使用 | |
| $b_2$ | PHSEG22 | R/W | | |
| $b_1$ | PHSEG21 | R/W | PH2ビット長 | PH2のビット長を設定（最小設定値 2）.<br>$(PHSEG2 + 1) \times TQ$ |
| $b_0$ | PHSEG20 | R/W | | |

(9) **CANCTRL** CANコントロール・レジスタ（アドレス：0xXF）

| $b_7$ | REQOP2 | R/W | | 000 = ノーマル・オペレーション・モードに設定 |
|---|---|---|---|---|
| $b_6$ | REQOP1 | R/W | オペレーション・モード<br>設定要求 | 001 = スリープ・モードに設定<br>010 = ループバック・モードに設定<br>011 = リスン・オンリ・モードに設定 |
| $b_5$ | REQOP0 | R/W | | 100 = コンフィギュレーション・モードに設定（デフォルト） |
| $b_4$ | ABAT | R/W | 全送信中断 | 1 = すべての待機中の送信を中断する<br>0 = すべての送信中断要求を終了した（または中断なし） |
| $b_3$ | OSM | R/W | ワンショット・モード | 1 = ワンショット・モードに設定<br>0 = 非ワンショット・モードに設定 |
| $b_2$ | CLKEN | R/W | CLKOUTピン許可 | 1 = CLKOUTピンを使用する<br>0 = CLKOUTピンを使用しない（Hi-Z） |
| $b_1$ | CLKPRE1 | R/W | CLKOUTピン<br>プリスケーラ | CLKOUTピンから出力するクロックの分周比を設定.<br>00 = $F_{osc}/1$<br>01 = $F_{osc}/2$ |
| $b_0$ | CLKPRE0 | R/W | | 10 = $F_{osc}/4$<br>11 = $F_{osc}/8$ |

(10) **CANSTAT** CANステータス・レジスタ（アドレス：0xXE）

| $b_7$ | OPMOD2 | R | | 000 = ノーマル・オペレーション・モード |
|---|---|---|---|---|
| $b_6$ | OPMOD1 | R | オペレーション・モード | 001 = スリープ・モード<br>010 = ループバック・モード<br>011 = リスン・オンリ・モード |
| $b_5$ | OPMOD0 | R | | 100 = コンフィギュレーション・モード（デフォルト） |
| $b_4$ | - | | | |
| $b_3$ | ICOD2 | R | | 001 = エラー割り込み<br>010 = ウェイクアップ割り込み |
| $b_2$ | ICOD1 | R | 割り込みフラグ・コード | 011 = TXB0 割り込み<br>100 = TXB1 割り込み<br>101 = TXB2 割り込み |
| $b_1$ | ICOD0 | R | | 110 = RXB0 割り込み<br>111 = RXB1 割り込み |
| $b_0$ | - | | | |

(11) **CANINTE**割り込み許可レジスタ（アドレス：0x2B）

| | | | | |
|---|---|---|---|---|
| b7 | MERRE | R/W | メッセージ・エラー割り込み許可 | 1 = 割り込み許可<br>0 = 割り込み禁止 |
| b6 | WAKIE | R/W | ウェイクアップ割り込み許可 | 1 = 割り込み許可<br>0 = 割り込み禁止 |
| b5 | ERRIE | R/W | エラー割り込み許可 | 1 = 割り込み許可（EFLGレジスタにエラー種別）<br>0 = 割り込み禁止 |
| b4 | TX2IE | R/W | 送信バッファ2空割り込み許可 | 1 = 割り込み許可<br>0 = 割り込み禁止 |
| b3 | TX1IE | R/W | 送信バッファ1空割り込み許可 | 1 = 割り込み許可<br>0 = 割り込み禁止 |
| b2 | TX0IE | R/W | 送信バッファ0空割り込み許可 | 1 = 割り込み許可<br>0 = 割り込み禁止 |
| b1 | RX1IE | R/W | 受信バッファ1フル割り込み許可 | 1 = 割り込み許可<br>0 = 割り込み禁止 |
| b0 | RX0IE | R/W | 受信バッファ0フル割り込み許可 | 1 = 割り込み許可<br>0 = 割り込み禁止 |

(12) **CANINTF**割り込みフラグ・レジスタ（アドレス：0x2C）

| | | | | |
|---|---|---|---|---|
| b7 | MERRF | R/W | メッセージ・エラー割り込み | 1 = 割り込み発生中（ソフトウェアでクリアする必要あり）<br>0 = 割り込み未発生 |
| b6 | WAKIF | R/W | ウェイクアップ割り込み | 1 = 割り込み発生中（ソフトウェアでクリアする必要あり）<br>0 = 割り込み未発生 |
| b5 | ERRIF | R/W | エラー割り込み | 1 = 割り込み発生中（ソフトウェアでクリアする必要あり）<br>0 = 割り込み未発生 |
| b4 | TX2IF | R/W | 送信バッファ2空割り込み | 1 = 割り込み発生中（ソフトウェアでクリアする必要あり）<br>0 = 割り込み未発生 |
| b3 | TX1IF | R/W | 送信バッファ1空割り込み | 1 = 割り込み発生中（ソフトウェアでクリアする必要あり）<br>0 = 割り込み未発生 |
| b2 | TX0IF | R/W | 送信バッファ0空割り込み | 1 = 割り込み発生中（ソフトウェアでクリアする必要あり）<br>0 = 割り込み未発生 |
| b1 | RX1IF | R/W | 受信バッファ1フル割り込み | 1 = 割り込み発生中（ソフトウェアでクリアする必要あり）<br>0 = 割り込み未発生 |
| b0 | RX0IF | R/W | 受信バッファ0フル割り込み | 1 = 割り込み発生中（ソフトウェアでクリアする必要あり）<br>0 = 割り込み未発生 |

(13) **EFLG**エラー・フラグ（アドレス：0x2D）

| | | | | |
|---|---|---|---|---|
| b7 | RX1OVR | R/W | 受信バッファ1オーバフロー | 1 = "CANINTF.RX1IF = 1"で受信バッファ1に受信したとき（ソフトウェアでクリアする必要あり）<br>0 = 未発生 |
| b6 | RX0OVR | R/W | 受信バッファ0オーバフロー | 1 = "CANINTF.RX0IF = 1"で受信バッファ0に受信したとき（ソフトウェアでクリアする必要あり）<br>0 = 未発生 |
| b5 | TXBO | R | バス・オフ・エラー | 1 = TECが255に達した場合（エラー・リカバリ・シーケンスが成功したときにリセット）<br>0 = 未発生 |
| b4 | TXEP | R | 送信エラー・パッシブ | 1 = TECが128以上<br>0 = TECが128未満 |
| b3 | RXEP | R | 受信エラー・パッシブ | 1 = RECが128以上<br>0 = RECが128未満 |
| b2 | TXWAR | R | 送信エラー・ウォーニング | 1 = TECが96以上<br>0 = TECが96未満 |
| b1 | RXWAR | R | 受信エラー・ウォーニング | 1 = RECが96以上<br>0 = RECが96未満 |
| b0 | EWARN | R | エラー・ウォーニング | 1 = TECまたはRECが96以上<br>0 = TECとRECが96未満 |

# Appendix B

## MCP2515で複数バイトで構成される，送受信バッファ，フィルタ/マスク・バッファのID領域の構造とビット・マッピングの一覧

### (1) 送信バッファのIDレジスタ

**TXBnSIDH 送信バッファn標準ID上位 (n = 0, 1, 2)**
（アドレス：0x31, 0x41, 0x51）（全ビットR/W）

| $b_7$ | $b_6$ | $b_5$ | $b_4$ | $b_3$ | $b_2$ | $b_1$ | $b_0$ |
|---|---|---|---|---|---|---|---|
| SID10 | SID9 | SID8 | SID7 | SID6 | SID5 | SID4 | SID3 |

SID10〜SID3…標準IDビット10〜3

**TXBnSIDL 送信バッファn標準ID下位 (n = 0, 1, 2)**
（アドレス：0x32, 0x42, 0x52）（全ビットR/W）

| $b_7$ | $b_6$ | $b_5$ | $b_4$ | $b_3$ | $b_2$ | $b_1$ | $b_0$ |
|---|---|---|---|---|---|---|---|
| SID2 | SID1 | SID0 | - | EXIDE | - | EID17 | EID16 |

SID2〜SID0……標準IDビット2〜0
EXIDE………………拡張ID許可ビット
　　　　　　　　'1' = 拡張ID（29ビット）
　　　　　　　　'0' = 標準ID（11ビット）
EID17, EID16…拡張IDビット17, 16

**TXBnEID8 送信バッファn拡張ID上位 (n = 0, 1, 2)**
（アドレス：0x33, 0x43, 0x53）（全ビットR/W）

| $b_7$ | $b_6$ | $b_5$ | $b_4$ | $b_3$ | $b_2$ | $b_1$ | $b_0$ |
|---|---|---|---|---|---|---|---|
| EID15 | EID14 | EID13 | EID12 | EID11 | EID10 | EID9 | EID8 |

EID15〜EID8…拡張IDビット15〜8

**TXBnEID0 送信バッファn拡張ID下位 (n = 0, 1, 2)**
（アドレス：0x34, 0x44, 0x54）（全ビットR/W）

| $b_7$ | $b_6$ | $b_5$ | $b_4$ | $b_3$ | $b_2$ | $b_1$ | $b_0$ |
|---|---|---|---|---|---|---|---|
| EID7 | EID6 | EID5 | EID4 | EID3 | EID2 | EID1 | EID0 |

EID7〜EID0…拡張IDビット7〜0

### (2) 受信バッファのIDレジスタ

**RXBnSIDH 受信バッファn標準ID上位 (n = 0, 1)**
（アドレス：0x61, 0x71）（全ビットR）

| $b_7$ | $b_6$ | $b_5$ | $b_4$ | $b_3$ | $b_2$ | $b_1$ | $b_0$ |
|---|---|---|---|---|---|---|---|
| SID10 | SID9 | SID8 | SID7 | SID6 | SID5 | SID4 | SID3 |

SID10〜SID3…標準IDビット10〜3

**RXBnSIDL 受信バッファn標準ID下位 (n = 0, 1)**
（アドレス：0x62, 0x72）（全ビットR）

| $b_7$ | $b_6$ | $b_5$ | $b_4$ | $b_3$ | $b_2$ | $b_1$ | $b_0$ |
|---|---|---|---|---|---|---|---|
| SID2 | SID1 | SID0 | SRR | IDE | - | EID17 | EID16 |

SID2〜SID0……標準IDビット2〜0
SRR……………………標準フレーム・リモート送信要求
　　　　　　　　"IDE" が '0' のときのみ有効
　　　　　　　　'1' = 標準フレームのリモート送信要求を
　　　　　　　　　　　受信
　　　　　　　　'0' = 標準データ・フレームを受信
IDE………………………受信IDのフォーマット
　　　　　　　　'1' = 拡張ID（29ビット）
　　　　　　　　'0' = 標準ID（11ビット）
EID17, EID16…拡張ID ビット17, 16

**RXBnEID8 受信バッファn拡張ID上位 (n = 0, 1)**
（アドレス：0x63, 0x73）（全ビットR）

| $b_7$ | $b_6$ | $b_5$ | $b_4$ | $b_3$ | $b_2$ | $b_1$ | $b_0$ |
|---|---|---|---|---|---|---|---|
| EID15 | EID14 | EID13 | EID12 | EID11 | EID10 | EID9 | EID8 |

EID15〜EID8…拡張IDビット15〜8

**RXBnEID0 受信バッファn拡張ID下位 (n = 0, 1)**
（アドレス：0x64, 0x74）（全ビットR）

| $b_7$ | $b_6$ | $b_5$ | $b_4$ | $b_3$ | $b_2$ | $b_1$ | $b_0$ |
|---|---|---|---|---|---|---|---|
| EID7 | EID6 | EID5 | EID4 | EID3 | EID2 | EID1 | EID0 |

EID7〜EID0…拡張IDビット7〜0

## (3) 受信バッファのフィルタ・レジスタ

**RXFnSIDH** フィルタ$n$標準ID 上位($n$ = 0, 1, 2, 3, 4, 5)
（アドレス：0x00, 0x04, 0x08, 0x10, 0x14, 0x18）
（全ビットR/W）

| $b_7$ | $b_6$ | $b_5$ | $b_4$ | $b_3$ | $b_2$ | $b_1$ | $b_0$ |
|-------|-------|-------|-------|-------|-------|-------|-------|
| SID10 | SID9 | SID8 | SID7 | SID6 | SID5 | SID4 | SID3 |

SID10～SID3…標準IDビット10～3

**RXFnSIDL** フィルタ$n$標準ID 下位($n$ = 0, 1, 2, 3, 4, 5)
（アドレス：0x01, 0x05, 0x09, 0x11, 0x15, 0x19）
（全ビットR/W）

| $b_7$ | $b_6$ | $b_5$ | $b_4$ | $b_3$ | $b_2$ | $b_1$ | $b_0$ |
|-------|-------|-------|-------|-------|-------|-------|-------|
| SID2 | SID1 | SID0 | - | EXIDE | - | EID17 | EID16 |

SID2～SID0……標準IDビット2～0
EXIDE……………拡張ID許可ビット
'1' = 拡張ID（29ビット）のみに適用
'0' = 標準ID（11ビット）のみに適用
EID17, EID16…拡張IDビット17, 16

**RXFnEIDH** フィルタ$n$拡張ID 上位($n$ = 0, 1, 2, 3, 4, 5)
（アドレス：0x02, 0x06, 0x0A, 0x12, 0x16, 0x1A）
（全ビットR/W）

| $b_7$ | $b_6$ | $b_5$ | $b_4$ | $b_3$ | $b_2$ | $b_1$ | $b_0$ |
|-------|-------|-------|-------|-------|-------|-------|-------|
| EID15 | EID14 | EID13 | EID12 | EID11 | EID10 | EID9 | EID8 |

EID15～EID8…拡張IDビット15～8

**RXFnEIDL** フィルタ$n$拡張ID 下位($n$ = 0, 1, 2, 3, 4, 5)
（アドレス：0x03, 0x07, 0x0B, 0x13, 0x17, 0x1B）
（全ビットR/W）

| $b_7$ | $b_6$ | $b_5$ | $b_4$ | $b_3$ | $b_2$ | $b_1$ | $b_0$ |
|-------|-------|-------|-------|-------|-------|-------|-------|
| EID7 | EID6 | EID5 | EID4 | EID3 | EID2 | EID1 | EID0 |

EID7～EID0…拡張IDビット7～0

## (4) 受信バッファのマスク・レジスタ

**RXMnSIDH** マスク$n$標準ID 上位($n$ = 0, 1)
（アドレス：0x20, 0x24）（全ビットR/W）

| $b_7$ | $b_6$ | $b_5$ | $b_4$ | $b_3$ | $b_2$ | $b_1$ | $b_0$ |
|-------|-------|-------|-------|-------|-------|-------|-------|
| SID10 | SID9 | SID8 | SID7 | SID6 | SID5 | SID4 | SID3 |

SID10～SID3…標準IDビット10～3

**RXMnSIDL** マスク$n$標準ID 下位($n$ = 0, 1)
（アドレス：0x21, 0x25）（全ビットR/W）

| $b_7$ | $b_6$ | $b_5$ | $b_4$ | $b_3$ | $b_2$ | $b_1$ | $b_0$ |
|-------|-------|-------|-------|-------|-------|-------|-------|
| SID2 | SID1 | SID0 | - | - | - | EID17 | EID16 |

SID2～SID0……標準IDビット2～0
EID17, EID16……拡張IDビット17, 16

**RXMnEIDH** マスク$n$拡張ID 上位($n$ = 0, 1)
（アドレス：0x22, 0x26）（全ビットR/W）

| $b_7$ | $b_6$ | $b_5$ | $b_4$ | $b_3$ | $b_2$ | $b_1$ | $b_0$ |
|-------|-------|-------|-------|-------|-------|-------|-------|
| EID15 | EID14 | EID13 | EID12 | EID11 | EID10 | EID9 | EID8 |

EID15～EID8…拡張IDビット15～8

**RXMnEIDH** マスク$n$拡張ID 下位($n$ = 0, 1)
（アドレス：0x23, 0x27）（全ビットR/W）

| $b_7$ | $b_6$ | $b_5$ | $b_4$ | $b_3$ | $b_2$ | $b_1$ | $b_0$ |
|-------|-------|-------|-------|-------|-------|-------|-------|
| EID7 | EID6 | EID5 | EID4 | EID3 | EID2 | EID1 | EID0 |

EID7～EID0…拡張IDビット7～0

# MCP2515制御ドライバ 関数, マクロ一覧

| CANコントローラ初期化（関数）<br>void CANInit(BYTE brp) | |
|---|---|
| 機能 | PICの汎用I/OポートをSPIアクセス用に設定し，CANコントローラのボーレートなどのコンフィギュレーションを設定する．<br>brp "CNF1.BRP"に設定する値．ボーレートなどの設定については本文参照 |

| CAN受信チェック（関数）<br>BYTE CANRxCheck(BYTE rxbnum) | |
|---|---|
| 機能 | ステータスを読み出して，受信バッファに受信データがあるかどうかを調べる．受信ありの場合は"true"を返す．<br>rxbnum 受信バッファの番号 0 = RXB0, 1 = RXB1, 2 = RXB0またはRXB1 |

| CANリセット（関数）<br>void CANReset(void) | |
|---|---|
| 機能 | CANコントローラをリセットするSPIコマンドを発行する |

| CANレジスタ バイト・ライト（関数）<br>void CANWriteReg(BYTE adrs, BYTE data) | |
|---|---|
| 機能 | レジスタへの1バイト・データの書き込み．<br>adrs 対象レジスタのアドレス<br>data 書き込む値 |

| レジスタ・リード共用ルーチン（関数）<br>BYTE CANRegRead2B(BYTE inst, BYTE adrs) | |
|---|---|
| 機能 | レジスタ，ステータス，受信ステータス読み出しの共用ルーチン．<br>inst SPIコマンドのインストラクション・コード<br>adrs レジスタ読み出しの際の対象レジスタのアドレス |

| CAN SID フィルタ，マスク設定 共用ルーチン（関数）<br>void CANSetSidFilterMask(BYTE adrs, WORD sid) | |
|---|---|
| 機能 | フィルタまたはマスク・レジスタのSIDを設定する．<br>adrs RXF$n$SIDHまたはRXM$n$SIDHレジスタのアドレス<br>sid 設定する標準メッセージ(ID)値 |

| CAN ビット・モデファイ・コマンド（関数）<br>void CANBitModCmd(BYTE adrs, BYTE mask, BYTE data) | |
|---|---|
| 機能 | ビット・モデファイ・コマンドを実行する．<br>adrs 変更対象のレジスタのアドレス<br>mask モデファイ対象のビットを指定するマスク('1')のビットが変更対象<br>data 設定するデータ |

| CAN 送/受信バッファ シーケンシャル・リード/ライト 共用ルーチン（関数）<br>void CANTxRxBufRW(BYTE inst, BYTE readop, BYTE *data, BYTE cnt) | |
|---|---|
| 機能 | 送受信バッファのシーケンシャル・リード/ライト・ルーチン．<br>inst SPIコマンドのインストラクション・コード<br>readop 1＝リード，0＝ライト<br>*data 作業バッファ（配列）の先頭アドレス<br>cnt リード，ライトするバイト数 |

| CAN オペレーション・モード設定 (マクロ) | |
|---|---|
| CANSetOpMode(mode) | |
| 機能 | MCP2515 のオペレーション・モードを設定する. <br> mode <br>　0 = ノーマル・オペレーション・モードに設定 <br>　1 = スリープ・モードに設定 <br>　2 = ループバック・モードに設定 <br>　3 = リスン・オンリ・モードに設定 <br>　4 = コンフィギュレーション・モードに設定(デフォルト) |

| レジスタ バイト・リード (マクロ) | |
|---|---|
| CANReadReg(adrs) | |
| 呼び出し関数 | BYTE CANRegRead2B(BYTE inst, BYTE adrs); |
| 機能 | 指定レジスタの値を読み出す. <br> adrs　レジスタのアドレス |

| ステータス・リード (マクロ) | |
|---|---|
| CANReadStat() | |
| 呼び出し関数 | BYTE CANRegRead2B(BYTE inst, BYTE adrs); |
| 機能 | ステータスを読み出す |

| 受信ステータス・リード (マクロ) | |
|---|---|
| CANReadRXStat() | |
| 呼び出し関数 | BYTE CANRegRead2B(BYTE inst, BYTE adrs); |
| 機能 | 受信ステータスを読み出す |

| フィルタ・モードの設定 (マクロ) | |
|---|---|
| CANSetFilterRxB0(mode) <br> CANSetFilterRxB1(mode) | |
| 呼び出し関数 | void CANBitModCmd(BYTE adrs, BYTE mask, BYTE data); |
| 機能 | フィルタ・モードを設定する. <br> mode <br>　3 = マスク, フィルタを使用しない <br>　2 = 拡張 ID(29 ビット)としてマスク, フィルタを適用 <br>　1 = 標準 ID(11 ビット)としてマスク, フィルタを適用 <br>　0 = 拡張 ID, 標準 ID 両対応でマスク, フィルタを適用 |

| 受信バッファ シーケンシャル・リード (マクロ) | |
|---|---|
| CANRxB0MsgRead(buf) <br> CANRxB1MsgRead(buf) <br> CANRxB0DatRead(buf) <br> CANRxB1DatRead(buf) | |
| 呼び出し関数 | void CANTxRxBufRW(BYTE inst, BYTE readop, BYTE *data, BYTE cnt); |
| 機能 | 受信バッファの内容(RXBnCTRL を除く)を連続で読み出す. CANRxBnMsgRead は SID, EID と DLC, CANRxBnDatRead は 8 バイトのデータ・バイト. <br> buf　作業バッファ(配列)の先頭アドレス |

| 受信バッファ シーケンシャル・リード 2 (マクロ) | |
|---|---|
| CANRxB0Read(buf, dsiz) <br> CANRxB1Read(buf, dsiz) | |
| 呼び出し関数 | void CANTxRxBufRW(BYTE inst, BYTE readop, BYTE *data, BYTE cnt); |
| 機能 | 受信バッファの先頭の RXBnCTRL を除く, メッセージとデータ・バイト(最大 13 バイト)を一括で読み出す. <br> buf　作業バッファ(配列)の先頭アドレス <br> dsiz　データ長(0 ～ 8) |

| 送信バッファ シーケンシャル・ライト（マクロ） | |
| --- | --- |
| CANTxB0MsgWrite(buf)<br>CANTxB1MsgWrite(buf)<br>CANTxB2MsgWrite(buf)<br>CANTxB0DatWrite(buf)<br>CANTxB1DatWrite(buf)<br>CANTxB2DatWrite(buf) | |
| 呼び出し関数 | `void CANTxRxBufRW(BYTE inst, BYTE readop, BYTE *data, BYTE cnt);` |
| 機能 | 送信バッファへメッセージ，データをロードする．CANTxB*n*MsgWrite は SID, EID と DLC, CANTxB*n*DatWrite は 8 バイトのデータ・バイトを送信する．<br>buf　作業バッファ(配列)の先頭アドレス |

| 送信バッファ シーケンシャル・ライト（マクロ） | |
| --- | --- |
| CANTxB0Write(buf, dsiz)<br>CANTxB1Write(buf, dsiz)<br>CANTxB2Write(buf, dsiz) | |
| 呼び出し関数 | `void CANTxRxBufRW(BYTE inst, BYTE readop, BYTE *data, BYTE cnt);` |
| 機能 | 送信バッファの先頭の TxB*n*CTRL を除く，メッセージとデータ・バイト(最大13バイト)を一括でロードする．<br>buf　作業バッファ(配列)の先頭アドレス<br>dsiz　データ長(0〜8) |

| フィルタ SID 設定（マクロ） | |
| --- | --- |
| CANSetSidFilter0(sid)<br>CANSetSidFilter1(sid)<br>CANSetSidFilter2(sid)<br>CANSetSidFilter3(sid)<br>CANSetSidFilter4(sid)<br>CANSetSidFilter5(sid) | |
| 呼び出し関数 | `void CANSetSidFilterMask(BYTE adrs, WORD sid);` |
| 機能 | フィルタ・レジスタの SID を設定する．マクロの連番がフィルタ・レジスタの番号に対応．<br>sid　フィルタに設定する標準 ID(メッセージ)値 |

| マスク SID 設定（マクロ） | |
| --- | --- |
| CANSetSidMask0(sid)<br>CANSetSidMask1(sid) | |
| 呼び出し関数 | `void CANSetSidFilterMask(BYTE adrs, WORD sid);` |
| 機能 | マスク・レジスタの SID を設定する．マクロの連番がマスク・レジスタの番号に対応．<br>sid　マスクに設定する標準 ID(メッセージ)値 |

# Appendix D

# Windowsアプリケーションのコントロール定義

● 第7章 CAN バス・モニタ メイン・ウィンドウ

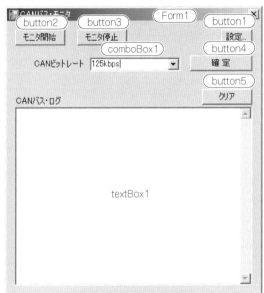

● 第8章 CAN ブリッジ メイン・ウィンドウ

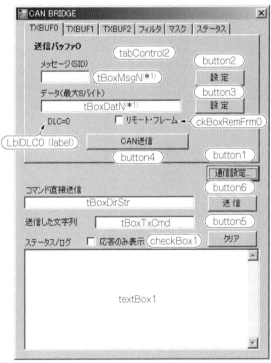

● 第7章～第9章共通
通信パラメータ設定ウィンドウ

※制御に関係のないラベル・コントロールは省略

（＊1）末尾の 'N' はページごとの連番．TXBUF0ページは '0'，
　　　 TXBUF1ページは '1'，TXBUF2ページは '2'
※制御に関係のないラベル・コントロールは省略

## ●第8章 CAN ブリッジ フィルタ・ページ

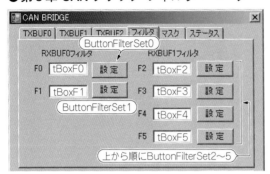

## ●第9，10章 CAN制御 メイン・ウィンドウ

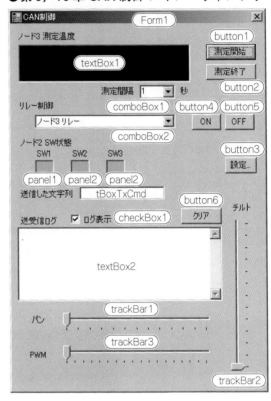

※制御に関係のないラベル・コントロールは省略

## ●第8章 CAN ブリッジ マスク・ページ

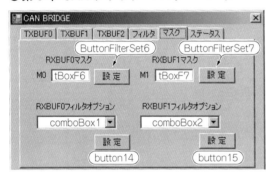

## ●第8章 CAN ブリッジ ステータス・ページ

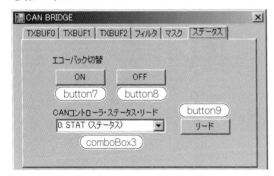

※制御に関係のないラベル・コントロールは省略

# 索　引

# 索　引

# 索　引

# 索 引

# 索 引

# 索　引

# 参考・引用＊文献

(1) エレキジャック No.8, No.9, CQ出版社.
(2) 中尾 司；Windowsで制御するPICマイコン機器, CQ出版社.
(3)＊ マイクロチップ社の各デバイスのデータシート. http://www.microchip.com/

## 動かして学ぶCAN通信 ［オンデマンド版］

2010年 2月15日　初版発行
2018年 9月 1日　第4版発行

2022年 6月 1日　オンデマンド版発行

ISBN978-4-7898-5302-6

定価は表紙に表示してあります．

乱丁・落丁本はご面倒でも小社宛てにお送りください．
送料小社負担にてお取り替えいたします．

© 中尾　司　2010
（無断転載を禁じます）

著　者　　中　尾　　　司
発行人　　小　澤　拓　治
発行所　　CQ出版株式会社
〒112-8619　東京都文京区千石4-29-14
電話　編集　03-5395-2122
　　　販売　03-5395-2141

表紙デザイン　千村　勝紀

印刷・製本　大日本印刷株式会社
Printed in Japan